柱塞式胶囊充填机技术及应用

王贵和　著

东北大学出版社
·沈　阳·

ⓒ 王贵和　2019

图书在版编目（CIP）数据

柱塞式胶囊充填机技术及应用 ／ 王贵和著. — 沈阳：
东北大学出版社，2019.5
ISBN　978－7－5517－2135－6

Ⅰ．①柱…　Ⅱ．①王…　Ⅲ．①胶囊剂－化工制药机械
Ⅳ．①TH788

中国版本图书馆 CIP 数据核字(2019)第 088590 号

———————————————————————————————————

出　版　者：东北大学出版社
　　　　　　地址：沈阳市和平区文化路三号巷 11 号
　　　　　　邮编：110819
　　　　　　电话：024－83683655（总编室）　83687331（营销部）
　　　　　　传真：024－83687332（总编室）　83680180（营销部）
　　　　　　网址：http：∥www. neupress. com
　　　　　　E-mail: neuph@ neupress. com
印　刷　者：沈阳市第二市政建设工程公司印刷厂
发　行　者：东北大学出版社
幅面尺寸：185mm×260mm
印　　张：13.25
字　　数：306 千字
出版时间：2019 年 5 月第 1 版
印刷时间：2019 年 5 月第 1 次印刷
责任编辑：邱　静
责任校对：曲　直
封面设计：潘正一
———————————————————————————————————

ISBN　978－7－5517－2135－6　　　　　　　　　　定　价：56.00 元

内容提要

胶囊剂是固体制剂的主要剂型之一。柱塞式胶囊充填机是胶囊剂灌装专用设备。本书利用 Pro/E 软件对传动系统、选囊机构、分囊机构、充填机构、剔废机构、合囊机构、输出机构建立模型；利用 ADAMS 软件对各机构进行动力学分析和参数优化；利用 ANSYS 对关键零部件进行应力及模态分析；仿真分析了转塔机构和充填机构间歇回转运动特性及运动匹配；介绍了各机构安装、调试步骤和方法以及需要保证的技术指标。

本书内容新颖，语言通俗易懂，理论联系实际，可以作为高等学校制药、食品、机电一体化等专业参考用书，也可作为相关工程技术人员参考用书。

目 录

第1章 绪 论

1.1 胶囊剂特点与种类

公元前 1500 年，世界上第一粒胶囊诞生于埃及；1730 年，维也纳药剂师开始用淀粉制造胶囊，1834 年在巴黎获得胶囊制造技术专利，1846 年在法国获得两节式硬胶囊制造技术专利；1872 年，法国诞生了第一台胶囊制造充填机；1874 年，底特律开始了硬胶囊的工业化制造，同时推出了多种型号胶囊；1888 年，Parke-Davis 公司在底特律获得制造硬胶囊的专利。1931 年，胶囊制造的最高速度达到 167 粒/分。

用胶囊包装的药物，大部分都是对食道和胃黏膜有刺激性的粉末或颗粒，或者口感不佳、易于挥发，或者在口腔中易被唾液分解以及易吸入气管的药物。通过胶囊的包装，掩盖因药物的味道对人口感的不良影响，同时也减少了药物对消化器官和呼吸道的刺激。另外，不同型号的胶囊规格不同，通过对药物剂量的需要进行定量填充，方便人们对摄入药物剂量的把握。由于胶囊的众多优点，使得制药企业对于胶囊剂的生产越来越关注，在一定程度上推动了柱塞式胶囊充填机的引进和发展[1]。

胶囊从表面性状分为：软胶囊、硬胶囊。软胶囊是成膜材料和内容物同时加工成产品的；硬胶囊按原材料成分分为：明胶胶囊、植物胶囊。硬胶囊又称空心胶囊，由帽体两部分组成，囊体部分有一个锥形边缘，在柱塞式胶囊充填机上可顺利地封装胶囊。硬胶囊的尺寸多种多样，一般分为 $0A^\#$、$0B^\#$、$00^\#$、$0^\#$、$1^\#$、$2^\#$、$3^\#$、$4^\#$、$5^\#$ 几种型号，其中，最为常用的型号为 $00^\#$、$0^\#$、$1^\#$。标准硬胶囊壳型号及参数如表 1.1 所示。

表 1.1   **标准硬胶囊壳型号及参数**

项目	$00^\#$	$0^\#$	$1^\#$	$2^\#$	$3^\#$	$4^\#$
帽长度/mm	11.6 ± 0.4	10.8 ± 0.4	9.8 ± 0.4	9.0 ± 0.3	8.1 ± 0.3	7.1 ± 0.3
体长度/mm	19.8 ± 0.4	18.4 ± 0.4	16.4 ± 0.4	15.4 ± 0.3	13.4 ± 0.3	12.1 ± 0.3
帽壁厚/mm	0.110 ± 0.015	0.110 ± 0.015	0.100 ± 0.015	0.100 ± 0.015	0.095 ± 0.015	0.095 ± 0.015
体壁厚/mm	0.110 ± 0.015	0.110 ± 0.015	0.110 ± 0.015	0.095 ± 0.015	0.095 ± 0.015	0.095 ± 0.015
帽口外径/mm	8.48 ± 0.03	7.58 ± 0.03	6.82 ± 0.03	6.35 ± 0.03	5.86 ± 0.03	5.33 ± 0.03
体口外径/mm	8.15 ± 0.03	7.34 ± 0.03	6.61 ± 0.03	6.07 ± 0.03	5.59 ± 0.03	5.06 ± 0.03
锁合总长/mm	23.3 ± 0.3	21.2 ± 0.3	19.0 ± 0.3	17.5 ± 0.3	15.5 ± 0.3	13.9 ± 0.3
平均质量/mg	122 ± 10	97 ± 8	77 ± 6	62 ± 5	49 ± 4	39 ± 3
容积/mL	0.95	0.68	0.50	0.39	0.30	0.21

1.1.1 明胶胶囊特点

明胶胶囊是世界上最受欢迎的两节式胶囊，具有双重锁合环可使胶囊在填充前预锁合，填充药物后则完全套合在一起。囊体光洁、色泽均匀、切口平整、无变形、无异臭。明胶胶囊分为透明（两节均不含遮光剂）、半透明（仅一节含遮光剂）、不透明（两节均含遮光剂）三种，如图 1.1(a) 所示为透明胶囊，图 1.1(b) 所示为不透明胶囊。

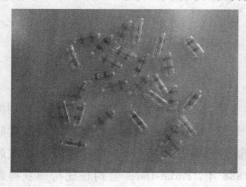 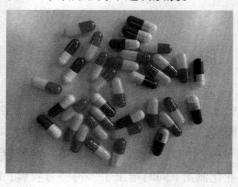

（a）   （b）

图 1.1　明胶胶囊性状

明胶空心胶囊是由药用明胶（主要是猪、牛、羊）的皮、筋、骨骼中的胶原蛋白经化学方法提取，加以辅料精制而成的帽、体两节胶囊壳组成，胶囊的形状细长，易于吞服，主要用于盛装固体药物，能够很有效地掩盖内容物的令人不舒服的味道和气味，真正实现了良药不再苦口。此外，胶囊能迅速、可靠和安全地溶解，具有良好的生物利用度，胶囊上还可印上文字、商标和图案，呈现出独特的定制外观。

明胶在许多食品中被广泛应用，如布丁、甜食、蜜饯、咀嚼式糖果、糖衣、食物罐头以及蘸料。在食品中，明胶能够帮助食物凝固、变稠、稳定、通气，是一种极受欢迎、富含营养与低脂肪的食物成分。明胶本身是从胶原质中提取的一种水溶性蛋白质，而胶原质是结缔组织中主要的天然蛋白质成分。通过一个受控的提取过程，从动物的皮肤和骨骼中得到明胶。胶囊是由制药级明胶制成，该级别明胶符合用于药物产品的严格要求。

1.1.2 植物胶囊特点

自 2000 年植物胶囊在美国问世以来，在欧美国家得到了快速发展，美国更是计划在近几年内将植物胶囊市场占有率提高到 80%。

植物胶囊的主要原料是 HPMC（药用羟丙基甲基纤维素），是自然界最丰富的天然聚合物，主要从海洋或陆地植物以物理方法提取。其特点：HPMC 性质稳定，不与空气、水发生化学反应，也不与有些药物发生交联反应，适应性广，释药速度稳定，溶出彻底，疗效更显著，个体差异小；HPMC 制成囊壳后仍具有天然概念，生产过程不需添加任何防腐剂；生产过程中几乎无污染，废料可二次回溶利用；属纯植物纤维，原料来源相对单纯,能提升内容物品牌的价值,有利于延长内容物的质保期。

植物胶囊低湿条件不脆碎,高湿条件仍可保持囊壳稳定,储存条件宽泛,温度为 10℃~40℃,湿度为 35%~65%,均不会软化变形或硬化变脆。HPMC 具有代谢惰性,在体内不被吸收,直接排出体外,植物胶囊不易生长微生物,长时间放置不会分解变质,通常有效期为 36 个月。植物胶囊原料来源于自然界的植物,为素食主义和不同宗教信仰者患者提供了更好的选择。

植物胶囊的鉴别也非常简单,将胶囊壳点燃,植物胶囊会有燃烧棉花的味道,而明胶胶囊则有燃烧蛋白质的味道(类似燃烧头发的味道)。我国的华北制药在 2010 年率先引入植物胶囊,用于新一代青类口服复方制剂替青威(阿莫西林舒巴坦匹脂胶囊)的生产。

1.2　柱塞式胶囊充填机发展与现状

1.2.1　国外柱塞式胶囊充填机发展现状

国外对柱塞式胶囊充填机研究较早,其胶囊充填机的自动化程度较高、药粉装量精度高、生产效率高。德国和意大利在胶囊充填机研发方面处于领先地位,如德国的 BOSCH 公司、意大利 IMA 公司等。

BOSCH 公司的充填机采用的是柱塞式充填方法,如 GKF 系列的充填机在剂量、制造、技术性能等方面均属世界一流,其特点:生产速度快,自动化程度高,可靠性好,设备投资相对较低,设备具有较高的柔性和灵活性,能很好地适应产品更新换代的需要。我国 98% 的胶囊充填机均使用该充填方法,其装量精度与药粉流动性及设备运转状态等因素有关。

意大利 IMA 公司的充填机采用的是吸附式充填方法,与柱塞式充填方法相比,其特点是:生产速度相对低,设备投资高,自动化程度高,可靠性好,装量精度高。如 IMA 公司发明了一种新型万用药片单元,在尺寸变化操作上能提供更快的速度和很强的灵活性,近年来推出的 IMATIC 机型在结构设计中做出了改进:把机械运动的活动节点处与产品区域隔开以适应 CIP 原位清洗功能,从而达到不同状态下的清洗循环:在运动件的结构上也做了一些改进。在控制系统方面,采用标准的 PLC 和标准的 OIT(人机对话终端)为基础的现代化操作控制系统,整机的操作除电源开、停、紧停按钮外,其他都用 OIT–屏幕和键盘系统管理[2-3]。

1.2.2　国内柱塞式胶囊充填机发展历程

我国研发柱塞式胶囊充填机起步相对较晚,分别经历了手动胶囊充填机、半自动胶囊充填机、全自动胶囊充填机三个阶段。

20 世纪 80 年代初，我国开始使用手动胶囊充填机，如图 1.2 所示，其特点：操作困难、生产率低、胶囊装量差异大、废品率高、不符合卫生要求等。

图 1.2 手动胶囊充填机

鉴于手动胶囊充填机的缺点，20 世纪 90 年代国内研发了一种半自动胶囊充填机，相对手动胶囊充填机，其结构简单，提高了生产效率和自动化程度，降低了药粉装量差异率，但属于间歇式生产，如图 1.3 所示。

图 1.3 半自动硬胶囊充填机

如图 1.3 所示的半自动胶囊充填机需要人工填充药粉，既不卫生，又对药品物料的控制不准确，易造成交叉污染。充填药粉时，需要手持胶囊盖体的接板，人工操作量仍然很大。

随着计算机、通信、网络等技术的发展，通过引进、消化、吸收、改进，我国研发、生产全自动充填机技术不断成熟，20 世纪 90 年代开始出现了 NJP400 型、NJP600 型、NJP800 型、NJP1200 型全自动胶囊充填机，提高了胶囊上机率、生产效率及自动化程度，降低了胶囊装量差异及药粉损耗，深受广大制药企业的青睐，全自动胶囊充填机结构如图 1.4 所示。

图 1.4 全自动胶囊充填机

1.2.3 国内柱塞式胶囊充填机发展趋势

柱塞式胶囊充填机的运动复杂，既有连续运动又有间歇运动，既有直线运动又有回转运动，而且运动精度要求很高。自第一台全自动柱塞式胶囊充填机问世，随着 GMP 认证以及国内药厂对制药机械设备要求的不断提高，国内各主要柱塞式胶囊充填机生产厂商不断地提高药粉的充填速度及装量精度[4]。

目前，主要应用中的全自动柱塞式胶囊充填机型号从 NJP800 型到 NJP7500 型不等，其产量、装量精度以及自动化程度不断提高。随着原有医药企业的不断重组改制和新医药企业的陆续诞生以及药品品种的调整与变化，目前国内制药企业有 6000 余家，涉及医药制剂、中成药饮片、生物生化、原料药、保健品、卫生材料等六类企业；共有药品 13500 余种。而生产全自动柱塞式胶囊充填机的厂家有百余家，其中，辽宁天亿、北京翰林、浙江福昌、浙江凯新隆等占领了国内全自动柱塞式胶囊充填机市场的主要份额。由于全自动柱塞式胶囊充填机集机、电、液、测、计算机技术为一体，实现送囊、分囊、充填、剔囊、锁囊、出囊等工作的自动化。随着客户对胶囊装量精度要求的提高以及制药企业对胶囊充填机高速化的要求，给柱塞式胶囊充填机的设计、制造提出了新的课题，也指出了全自动柱塞式胶囊充填机发展方向如下：

（1）环保化

在机械的传动机构中，大部分采用刚性体，冲击噪声相对严重，因此需要对充填机的关键机构和零部件进行进一步的优化和改进，提高胶囊的生产质量和生产效率，避免生产过程中产生噪声以及粉尘的污染。

（2）高速化

近年来，我国制药工业在飞速发展，新型的制药设备以优质、高效、节能等优势展现在人们面前，胶囊充填机的工作能力从 300 粒/分提高到 7500 粒/分。然而，胶囊充填机填充速度的提高也带来一些致命的问题，一方面是出现漏粉现象，造成环境污染；另一方面造成胶囊填充质量的下降。高速化带来的负面影响有待进一步研究。

（3）高装量精度

柱塞式胶囊充填机高速化使得某些药粉装量差异率升高，为此，在实现高速化的同时要保证装量差异率不升高，对现有设备的各个运动部件的运动参数及部件的结构需要进一步优化或改变充填方法。

（4）高自动化

国内的柱塞式胶囊充填机已经出现了由可编程逻辑控制的智能模块和人机界面操作系统组成的监控系统。目前，有些柱塞式胶囊充填机已经实现了自动上料、自动上囊功能，但由于依靠真空作用自动上囊，致使自动上囊过程中胶囊的意外损伤；有些药粉具有黏性、散性，造成自动上料过程中药粉分层现象，致使胶囊装量差异过大，因此，目前充填机的自动化程度仍相对较低。自动化会使生产更加人性化，更加贴切地服务于生活的需要，所以充填机的智能化也将是今后发展的重要方向，其控制方面将运用工业 PC和提供远程自诊断系统功能，实现在线检查缺料、缺囊、计量、料道阻塞以及机械故障等的自动诊断监控，并使系统更加安全可靠。

（5）标准化

目前，各厂商生产的柱塞式胶囊充填机无标准化、系列化，不同厂商生产的零部件无法互换，因此，未来柱塞式胶囊充填机将向标准化、系列化方向发展，使零部件相互通用，便于装配和维修，便于模具的更换，可以根据实际情况方便地控制生产速度。

综上所述，我国柱塞式胶囊充填机生产任重道远，必须遵照《医药包装行业"十五"发展规划纲要》，正视我国目前胶囊充填机存在的问题，切实执行医药包装行业"十五"发展方针及发展政策，形成产品标准和系列技术标准，实现高速柱塞式胶囊充填机的国产化和产业化，填补国内空白，实质性地提升我国柱塞式胶囊充填机产业的装备制造水平，缩短与国外先进的全自动胶囊充填机设计制造差距，赶上国际先进的柱塞式胶囊充填机设计和制造水平。

第 2 章　柱塞式胶囊充填机原理

我国制药厂生产胶囊剂所使用的硬胶囊充填机约 98％ 使用柱塞式充填方法，该方法源自德国 BOSCH 公司生产的硬胶囊充填机。

2.1　柱塞式硬胶囊充填机基本参数

2.1.1　柱塞式硬胶囊充填机型号及参数意义

部分柱塞式胶囊充填机型号与产量对应关系如表 2.1 所示。

表 2.1　　　　　　　　　　　柱塞式胶囊充填机型号与产量对应关系

型号	NJP200	NJP400	NJP600	NJP800	NJP1000	NJP1200
粒／分	200	400	600	800	1000	1200
粒／时	12000	2400	3600	4800	60000	72000
粒／班	96000	192000	288000	384000	480000	576000
型号	NJP1500	NJP2000	NJP3200	NJP4000	NJP5000	NJP6500
粒／分	1500	2000	3200	4000	5000	6500
粒／时	90000	120000	192000	240000	300000	390000
粒／班	720000	960000	1536000	1920000	2400000	3120000

以 NJP2000 型柱塞式胶囊充填机为例，数字代表每分钟最多充填胶囊的粒数（每分钟最多充填 2000 粒），即充填满负荷时的生产效率。为保证柱塞式胶囊充填机良好的运行状态以及延长设备的使用寿命，正常运行时很少满负荷运转。

2.1.2　柱塞式硬胶囊充填机主要技术参数

以某公司生产的 NJP2000 型柱塞式胶囊充填机为例，主要参数如表 2.2 所示。

表 2.2　　　　　　　　NJP2000 柱塞式胶囊充填机主要技术参数

型号	NJP2000
产量	2000 粒／分
充填剂型	粉剂、颗粒
模块孔数	18

续表 2.2

电源	380/220V 50Hz 9.37kW
适用胶囊型号	0A#、0B#、00#、0#、1#、2#、3#、4#、5#
装量差异	±3% ~ ±4%
噪声	≤78dB(A)
空胶囊上机率	99.9%
主机尺寸(长×宽×高)/mm	1200×1100×2100
主机重量	1200kg

表 2.2 中,装量差异、充填剂型、空胶囊上机率、产量、噪声以及设备功率是客户关注的几个主要技术参数。国家药监局对于西药的装量差异率要小于5%;中药装量差异率要小于15%。空囊上机率越高越好,一般要求大于99%;设备噪声越低越好,一般要求小于78dB(A)。由表 2.2 中的技术参数便可知道设备的性能。

2.2 柱塞式硬胶囊充填机工作原理及组成

NJP2000 型柱塞式胶囊是通过选送叉、真空分离器、充填杆、剂量盘、模块等部件相互协调运动实现选囊、分囊、充填、剔废、合囊、出囊、清洁等功能。

2.2.1 柱塞式硬胶囊充填机工作原理

柱塞式硬胶囊充填机的作用是将运送到制药厂的空心胶囊经过分囊后充填药粉,再将胶囊的体帽合在一起。柱塞式硬胶囊充填机的传动轴采用凸轮传动机构,间歇机构为蜗旋凸轮间歇机构。十工位充填机工作原理如图 2.1 所示[5]。

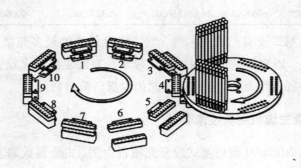

图 2.1　胶囊充填机工作原理

图 2.1 中,主电机经减速机、链轮带动主传动轴及间歇分度机构(如十工位转盘,模块转盘每 36°间歇运动一次;十二工位,模块转盘每 30°间歇运动一次),间歇机构传动转塔机构并带动模块和药粉充填机构运动。载囊模块在盘凸轮轨道的控制下做相应的直线运动,同时与按转塔的间歇运动相配合,实现模块的开合,带动胶囊运动到各工位的

精确位置，使各工位有序动作。柱塞式硬胶囊充填机工作时各工位的作用为：

① 工位 1、2 位置，空胶囊在选送机构的作用下有序排列在选送叉槽内，选送叉每上、下往复运动一次，每槽落下一粒（只落一粒）胶囊，正好落入下面导槽相应孔内，在拨叉的作用下，将导槽内的胶囊向前推出（胶囊体在前，囊帽在后），在叉头作用下促使胶囊下落到模块孔中，经真空分离器作用，实现胶囊在模块内体帽分离，囊帽位于上模块，囊体进入下模块（详细内容见第 7 章）；

② 工位 3 位置，上模块载着囊帽上升，下模块载着胶囊体做径向伸出运动为充填药粉做准备；

③ 工位 4 位置，下模块径向伸出到剂量盘相应的充填位置，在充填杆的作用下，将剂量盘该位置相应孔内药粉充填到下模块中的胶囊下体中，完成充填功能（详细内容见第 4 章）；

④ 工位 5 位置，为过渡位置，实现下模块的径向收缩，上模块的轴向下降，为上下模块孔重合做准备；

⑤ 工位 6 位置，将未能分开的胶囊或倒置的胶囊由剔推杆推出，经真空吸力将废胶囊排除，避免空胶囊混入成品胶囊中（详细内容见第 8 章）；

⑥ 工位 7 位置，为过渡位置，实现下模块的继续径向收缩，上模块的继续轴向下降，直至上下模块孔重合；

⑦ 工位 8 位置，此时，上下模块孔完全对中，在合囊顶针的作用下，实现胶囊体、帽的锁合（详细内容见第 9 章）；

⑧ 工位 9 位置，出囊顶针将锁合好的胶囊顶出，推到输送器内，实现胶囊输出功能（详细内容见第 9 章）；

⑨ 工位 10 位置，清理模块孔内的药粉，准备重新进入下一充填过程。

柱塞式硬胶囊充填机各模块的胶囊分离、废胶囊剔除、胶囊锁合、胶囊输出等运动是由传动轴上相应的凸轮连杆机构完成，如图 2.2 所示为合囊凸轮连杆机构，其他机构运动的传动与合囊凸轮连杆机构类似。

电机通过链轮带动主轴 11 转动，从而带动轴上的合囊凸轮 10 回转。连杆 9 在弹簧 3 的作用下使合囊凸轮 10 始终与辊子轴承 8 接触，连杆 9 通过关节轴承 4 与拉杆 6 连接。合囊凸轮 10 转动时带动连杆 9 绕支点摆动，通过拉杆 6 带动合囊推杆 1 做往复的上下直线运动，从而完成合囊运动。拉杆 6 长度可调（调整凸轮安装角度及更换胶囊型号时保证合囊推杆位置准确）。合囊运动是否合理取决于合囊凸轮的外廓曲线及机构中各部件参数特性。

2.2.2　柱塞式硬胶囊充填机组成

柱塞式硬胶囊充填机是典型的高速、轻载设备；运动复杂，既有直线运动，又有回转运动；既有连续运动，又有间歇运动。各运动精度要求严格。多个机构相互配合完成选囊、分囊、充填、间歇回转、剔废、合囊、输出等运动，其主要组成机构有：

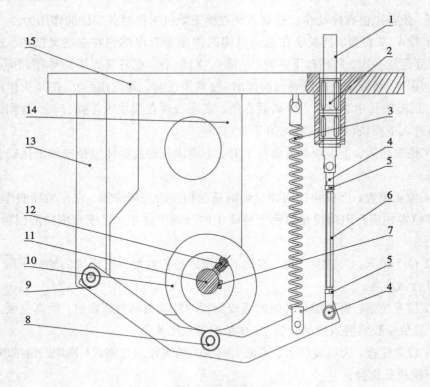

图2.2 合囊凸轮连杆机构传动简图

1—合囊推杆；2—直线轴承；3—弹簧；4—关节轴承；5—锁紧螺母；6—拉杆；7—抱键；8—辊子轴承；
9—连杆；10—合囊凸轮；11—主轴；12—螺栓；13—连杆支座；14—传动轴支座；15—支撑板

（1）转盘间歇旋转机构

转盘是柱塞式硬胶囊充填机核心机构之一。主要由十工位（十二工位）间歇机构、盘凸轮、滑块总成、花笼、T型杆、上下模块等组成，控制上下模块的轴向、径向运动。

（2）充填间歇旋转机构

充填间歇旋转机构也是柱塞式硬胶囊充填机核心机构之一。主要由六工位间歇机构、铜环、剂量盘、盛粉环、刮粉器等组成，其作用是将药粉料斗输送的药粉均匀平铺在剂量盘上。

（3）充填机构往复升降机构

充填机构往复升降机构由立柱、充填杆座、充填杆、夹持器等组成，其任务是将剂量盘模孔中的药粉充入下模块孔内的胶囊体中，并控制胶囊装量的差异；调整胶囊装量。

（4）药粉输送机构

药粉输送机构由药粉料斗、供料电机、螺杆、供料传感器，自动控制盛粉环内药粉量的多少，保证盛粉环内药量均匀。

（5）胶囊选送机构

胶囊选送机构由胶囊料斗、框架、摆臂、选送叉总成、拨叉、导槽、叉头等组成。其作用是将胶囊料斗中杂乱无章的胶囊有序地送入到选送叉体中，通过导槽、拨叉作用，使胶囊体在前，胶囊帽在后向前推行，准备进入模块中。

（6）真空分离机构

真空分离机构由真空分离器、真空泵、分离凸轮连杆机构组成，其作用是将进入到模块中的胶囊，实现体帽分离，囊帽留在上模块中，囊体进入到下模块中。

（7）合囊机构

合囊机构由合囊凸轮、合囊连杆、压板、合囊顶针等组成。合囊凸轮回转带动合囊连杆摆动，进而带动合囊顶针直线运动，将下模块孔中的胶囊下体向上顶，与上模块中的囊帽结合，实现胶囊的锁合作用。

（8）胶囊输出机构

胶囊输出机构由出囊顶针、出囊控制器、出囊凸轮、出囊连杆组成，其作用是将锁合后模块中的胶囊顶出，进入出囊控制器输出。

（9）胶囊剔废机构

胶囊剔废机构由剔废推杆、剔废凸轮、剔废连杆、真空吸盒等组成，其作用是将未分开的胶囊顶出，进入真空吸盒，避免未充填的空胶囊混入成品胶囊中。

（10）主传动系统

主传动系统由电机、减速器、链轮、链条、凸轮、凸轮轴、连杆、弹簧等组成，其作用是传动各机构运动，保证模块运动位置准确，实现胶囊顺利分囊、充填、合囊等运动。

总之，柱塞式硬胶囊充填机各机构在运动过程中相互配合，共同作用完成各自的功能，近年来，通过不断提高自动化程度实现了在线监测、检测、控制作用，并实现设备运行的自动控制、故障报警、装量调节等功能。

第3章　柱塞式胶囊充填机主传动系统运动分析

柱塞式胶囊充填机中主传动系统是整机中至关重要的一部分，决定了胶囊充填的质量和精度。主传动系统主要由凸轮连杆机构、间歇回转机构、链轮传动机构等组成，电机带动主传动轴及轴上凸轮转动，完成送囊、填充、剔废、合囊、出囊等功能。间歇机构带动模块回转机构运动，使得上、下模块运动到相应工位时，回转机构处于短暂的停止状态时，主传动系统相对应的凸轮机构进行运动，进而完成相应工位的任务。

3.1　主传动系统结构

某公司生产的 NJP2000 型柱塞式胶囊充填机主传动系统如图 3.1 所示。其传动系统包括电机、真空泵、链条、主传动轴、链轮、凸轮、转子、连杆、导杆、弹簧等。多组凸轮连杆机构分别完成各自功能[6-10]。

图 3.1　NJP2000 柱塞式胶囊充填机主传动系统

根据胶囊充填过程所需要完成的动作，一般柱塞式胶囊充填机主传动系统需要六个凸轮完成相应的运动，分别是：剔废凸轮、合囊凸轮、出囊凸轮、选囊凸轮、分囊凸轮及充填凸轮，每个凸轮的轮廓曲线都不同，根据各自需要满足的运动而设计轮廓曲线，各凸轮与各自对应的连杆、导杆相互作用实现上下往复运动，完成各自工位的功能。连杆在弹簧回复力作用下使连杆与各自对应的凸轮始终保持接触，确保导杆位移准确并起缓冲吸振的作用。如图 3.2 所示为 NJP2000 型柱塞式胶囊充填机主传动系统简图。

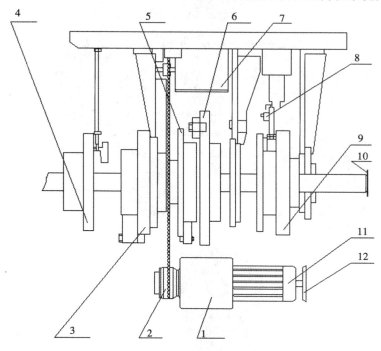

图 3.2　主传动系统简图

1—减速器；2—安全离合器；3—合囊凸轮；4—剔废凸轮；5—出囊凸轮；6—充填凸轮；
7—间歇机构；8—分囊凸轮；9—选囊凸轮；10—刻度盘；11—电机；12—主电机手轮

由图 3.2 可知，电机将转动传递到主传动轴，带动主传动轴上的各个凸轮，凸轮与连杆通过弹簧的拉力始终保持接触，连杆将凸轮的回转运动转换为导杆的上下往复运动。主传动轴上的六个凸轮及其功能分别为：合囊凸轮 3 实现胶囊的锁合；剔废凸轮 4 实现废胶囊的剔废；出囊凸轮 5 实现成品胶囊的推出；充填凸轮 6 将剂量盘相应孔中的药柱充入下模块孔内的胶囊体中；分囊凸轮 8 实现胶囊的体帽分离、输入到模块孔中；选囊凸轮 9 实现胶囊调头。各凸轮通过双抱键与主传动轴紧密配合，轴上无键槽以保证各个凸轮廓线的角度绕主轴可调，以保证各个凸轮连杆机构相互配合完成各自的功能，且不发生干涉现象。电机为减速电机，输出端带有安全离合器，以保证电机启动、制动时模块位置准确，便于安装、调试及维修。

柱塞式胶囊充填机间歇回转运动由间歇机构实现。柱塞式胶囊充填机需要两个间歇机构：一个是传动十工位（或十二工位）转塔机构带动模块间歇回转；另一个间歇机构是传动六工位剂量盘间歇回转机构。两个间歇机构由同一链条联接，以保证十工位和六工位在充填位置分度相同。间歇机构的传动简图如图 3.3 所示。

由图 3.3 知道，电机带动同轴的减速器链轮 1 回转，通过链条带动主轴传动轮 2 回转并带动十工位（每工位 36°）间歇机构和六工位（每工位 60°）间歇机构回转。张紧轮 3 和张紧轮 7 保证链条传动有效，每月检查一次链子，有必要需要重新上紧一下，并加润

13

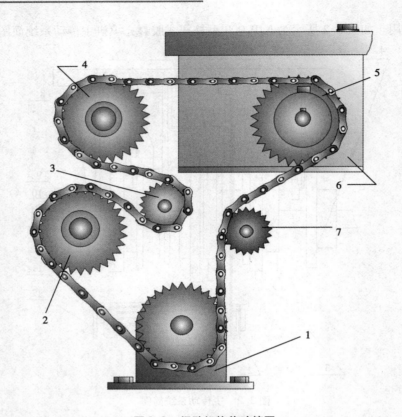

图 3.3　间歇机构传动简图

1—减速器链轮；2—主轴传动轮；3—张紧轮；4—十工位间歇机构链轮；5—六工位间歇机构链轮；

6—六工位间歇机构；7—张紧轮

滑油。十工位间歇机构保证模块运动位置准确，六工位间歇机构保证剂量盘间歇回转位置准确，并与十工位间歇机构精准配合，以保证在充填药粉时，下模块孔的位置与相应剂量盘孔位置对中，柱塞式胶囊充填机通过两个间歇机构带动模块回转机构和充填机构运动，协调有序地完成送囊、分囊、充填、剔废、合囊和出囊等功能，保证模块运动位置准确、平稳。

3.2　主传动系统模型及运动分析

3.2.1　主传动系统模型

利用 Pro/E 对主传动的传动系统中关键零件进行建模，将建立的零件模型进行装配，得到主传动系统各个零件以及装配模型如图 3.4、图 3.5 所示。

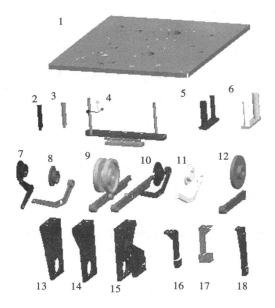

图 3.4　柱塞式胶囊充填机主传动系统部分零件模型

1—大板；2—剔废导杆；3—合囊导杆；4—充填导杆；5—出囊导杆；6—分囊导杆；7—剔废凸轮及连杆；
8—合囊凸轮及连杆；9—充填凸轮及连杆；10—出囊凸轮及连杆；11—分囊凸轮及连杆；12—选囊凸轮及连杆；
13—支撑 1；14—支撑 2；15—支撑 3；16—支撑 4；17—支撑 5；18—支撑 6

图 3.5　柱塞式胶囊充填机主传动系统装配模型

图 3.4、图 3.5 所构建的模型在运动过程中，各个零件所起的作用如下：

① 大板 1 是传动系统所有零件的安装基础，回转机构和填充机构等通过支撑件固定在大板上，保证各机构运动的可靠性；

② 剔废凸轮 7 通过与对应的连杆、导杆联接，将凸轮的转动转换为导杆的上下往复运动，带动剔废推杆将废胶囊剔除，避免废胶囊混入成品胶囊中；

③ 合囊凸轮 8 将凸轮的回转运动转换为导杆的上下往复运动，带动合囊机构的顶针实现胶囊锁合功能；

④ 充填凸轮 9 将凸轮的回转运动通过连杆机构转换成充填机构的上下往复运动，带

动充填杆实现充填作用以及装量调节作用件；

⑤ 出囊凸轮 10 将凸轮回转运动通过连杆作用转换成出囊顶针的上下移动，将锁合好的胶囊顶出模块孔；

⑥ 分囊凸轮 11 将凸轮转动转换成连杆机构的往复移动，带动真空分离器运动，当真空分离器升至接近下模块时，通过真空泵的真空吸力作用，将胶囊下体吸到下模块中，胶囊帽留在上模块中，实现胶囊的体、帽分离；

⑦ 选囊凸轮 12 将凸轮回转运动通过连杆机构转换成选送叉总成的上下往复运动，经过导槽、拨叉作用，将胶囊以体在前，帽在后的状态向前输出到模块孔正上方位置；

⑧ 主传动轴通过链条与电机连接，并带动其上的六个凸轮转动；

⑨ 连杆轴为连杆的摆动中心；

⑩ 支撑件 13～18 将主轴、连杆轴等与大板联接，起支撑与固定作用。

3.2.2　主传动系统模型优化处理

基于图 3.5 主传动系统模型，利用 Pro/E 对选囊、分囊机构完善并装配到主传动系统模型中，根据仿真所需运动对相关零件进行建模。同时在建模时对不必要的特征，如螺纹、轴承等进行简化处理，尽可能降低模型的复杂程度。传动系统的相关零件为大板、凸轮、连杆及导杆，大板之上的两个机构即选囊、分囊机构，如图 3.6 所示。

图 3.6　主传动系统模型图

由于模型中零件较多，需要完成的运动也较复杂，如果直接导入到 ADAMS 中进行处理（如添加约束副）会因为关键点的不易捕捉而导致错误，使运动不正确。在此应用 Pro/E 与 ADAMS 的无缝接口——mechpro 模块对模型进行处理，主要是对运动部件添加约束副，如移动副、转动副、固定副等，对于在模块中不易完成的处理需导入 ADAMS 后再进行。需要注意的是一些关键点的确定，如弹簧在大板上的安装位置点。利用 Mech/Pro 模块对所建立的三维模型处理后导入 ADAMS 中，如图 3.7 所示，导入后有个别连杆位置异常，通过 ADAMS 的自动装配功能予以改正。

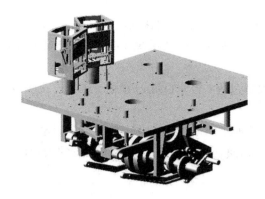

图 3.7　导入 ADAMS 中的模型

3.2.3　主传动系统运动分析

在 ADAMS 程序中采用拉格朗日乘子法自动建立系统的运动方程——微分－代数方程：

$$
\begin{cases}
\dfrac{\mathrm{d}}{\mathrm{d}t}\left(\dfrac{\partial T}{\partial \dot{q}}\right)^{T} - \left(\dfrac{\partial T}{\partial q}\right)^{T} + \varphi_{q}^{T}\rho + \theta_{\dot{q}}^{T}\mu = Q \\
\theta(q,\dot{q},t) = 0 \\
\varphi(q,t) = 0
\end{cases}
\tag{3.1}
$$

将式(3.1)改写成

$$
\begin{cases}
F(q,v,\dot{v},\lambda,t) = 0 \\
G(v,\dot{q}) = v - \dot{q} = 0 \\
\varphi(q,t) = 0
\end{cases}
\tag{3.2}
$$

式中，$\theta(q,\dot{q},t) = 0$ ——非完整约束方程；

$\qquad \varphi(q,t) = 0$ ——完整约束方程；

$\qquad T$ ——系统动能；

$\qquad q$ ——系统广义坐标列阵；

$\qquad Q$ ——广义力列阵；

$\qquad \mu$ ——对应非完整约束的拉氏乘子列阵；

$\qquad \rho$ ——对应完整约束的拉氏乘子列阵；

$\qquad F$ ——系统动力学微分方程及用户定义的微分方程；

$\qquad \varphi$ ——描述完整约束的代数方程列阵；

$\qquad G$ ——描述非完整约束的方程列阵；

$\qquad \dot{q},v$ ——广义速度列阵；

$\qquad t$ ——系统运行时间；

$\qquad \lambda$ ——约束反力及作用力列阵。

在 ADAMS 中对这方程的求解采用两种算法：一是三种变阶、变步长的积分求解器，分别为 GSTIFF、BDF、DSTIFF 积分器，这些适合模拟刚性系统；二是 ABAM 积分器，适用于模拟特征值突变的系统或者是高频系统。在本文中采用 GSTIFF 积分求解器，也是软件默认的求解程序。

GSTIFF 积分算法求解过程：吉尔（Gear）预估、迭代校正阶段、积分误差控制。

（1）预估

用吉尔预估可以有效地求解 ADAMS 中建立的系统运动方程，根据当前时刻系统状态的矢量值用泰勒（Taylor）级数预测下个时刻系统状态的矢量值

$$y_{n+1} = y_n + \frac{\partial y_n}{\partial t}h + \frac{1}{2!}\frac{\partial^2 y_n}{\partial t^2}h^2 + \cdots \qquad (3.3)$$

$$\dot{y}_{n+1} = \frac{1}{h\beta_0}\sum_{j+1}^{k}(a_j y_{n-j+1} - y_{n+1}) \qquad (3.4)$$

式中，时间步长 $h = t_{n+1} - t_n$；

$\dot{y}_{n+1}$ —— $\dot{y}(t)$ 在 $t = t_{n+1}$ 时的近似值；

β_0，a_j —— 吉尔积分程序的系数值。

（2）迭代校正阶段

将式（3.2）在 $t = t_{n+1}$ 时展开并用修正的牛顿 – 拉夫森迭代法进行校正得：

$$\begin{cases} F_i + \dfrac{\partial F}{\partial q}\Delta q_i + \dfrac{\partial F}{\partial u}\Delta v_i + \dfrac{\partial F}{\partial \lambda}\Delta \lambda_i + \dfrac{\partial F}{\partial \dot{u}}\Delta \dot{v}_i = 0 \\[2mm] G_i + \dfrac{\partial G}{\partial q}\Delta q_i + \dfrac{\partial G}{\partial u}\Delta v_i = 0 \\[2mm] \varphi_i + \dfrac{\partial \varphi}{\partial q}\Delta q_i = 0 \end{cases} \qquad (3.5)$$

式中，i 表示第 i 次迭代。

$$\begin{aligned} \Delta q_i &= q_{i+1} - q_i \\ \Delta v_i &= v_{i+1} - v_i \\ \Delta \lambda_i &= \lambda_{i+1} - \lambda_i \end{aligned} \qquad (3.6)$$

由以上公式可得

$$\begin{bmatrix} \dfrac{\partial F}{\partial q} & \dfrac{\partial F}{\partial v} - \dfrac{1}{h\beta_0}\dfrac{\partial F}{\partial \dot{v}} & \left(\dfrac{\partial \varphi}{\partial q}\right)^T \\[3mm] \dfrac{1}{h\beta_0}\dfrac{\partial G}{\partial v} & \dfrac{\partial G}{\partial v} & 0 \\[3mm] \dfrac{\partial \varphi}{\partial q} & 0 & 0 \end{bmatrix} \begin{Bmatrix} \Delta q \\ \Delta v \\ \Delta \lambda \end{Bmatrix}_i = \begin{Bmatrix} -F \\ -G \\ -\varphi \end{Bmatrix}_i \qquad (3.7)$$

式（3.7）左边的系统矩阵被称为雅可比矩阵，其中 $\partial F/\partial v$ 为系统阻尼阵，$\partial F/\partial \dot{v}$ 为系统质量阵，$\partial F/\partial q$ 为系统刚度阵。

通过分解雅可比矩阵求解 Δq_i，Δv_i，$\Delta \lambda_i$，算出 q_{i+1}，$\dot{q}_{i+1}$，v_{i+1}，$\dot{v}_{i+1}$，λ_{i+1}，$\dot{\lambda}_{i+1}$，重复以上迭代校正直到满足收敛条件。

（3）积分误差控制

对预测值与校正值的差值进行比较，若小于规定的积分误差限，接受该解，并进行下一步求解；否则拒绝并减少其积分步长重新进行预估校正。

3.3　主传动系统 ADAMS 仿真

为了使仿真尽可能地接近真实情况，滚子与凸轮运动采用 Contact 命令（接触碰撞），而在连杆处安置 Spring（弹簧）并与大板相连，以保证安装在连杆上的滚子始终与凸轮接触。

3.3.1　仿真参数设置及优化处理

（1）关键参数的设置

在应用 Contact 命令进行接触设置及应用 Spring 设置弹簧时需考虑对应参数。由于滚子凸轮的材料都无变化，在设置 Contact 参数时都相同，其参数取值如表 3.1 所示。而对于弹簧的设置，因为凸轮结构不完全一致，并且相应连杆的重量也不同，所以 Spring 的参数设置并不都相同。所使用的弹簧材料相同，故 k 和 c 两个参数相同，而对于 Preload 及 Length at preload 两个参数的确定以能使滚子与凸轮在静止和运动时始终接触为准。

表 3.1　Contact 参数

		Steel（Greasy）
k	stiffness	100000
c	damping	50
e	exponent	1.5
d	penetration depth	0
vs	static friction vel.	0.1
vd	dynamic friction vel.	10
mus	static friction coeff.	0.08
mud	dynamic friction coeff.	0.05

在初步仿真时，对传动系统分成 6 部分进行仿真，包括 6 组凸轮连杆机构，然后整体仿真。这是因为在仿真时软件需计算接触力，用时较长。在一组凸轮机构仿真完成进行下一组仿真时，先把仿真完成的进行 Deactivate（失效）处理，保证仿真时只有一组凸轮连杆机构运行。如图 3.8 所示。

（2）整机运动协调的优化处理

传动系统主要由 6 个凸轮连杆机构组成，凸轮之间的运动需要满足一定条件才能进行胶囊充药，因此需要调整凸轮的安装角度。考虑到在 ADAMS 中不易对装配体进行调整，仍使用 Pro/E—mechpro 模块—ADAMS 方法进行。

在将模型导入到 ADAMS 进行处理时（如添加 Contact 等），应用软件的 Record/Replay 命令（记录宏命令）对所进行的操作进行记录，然后把记录的宏文件保存，之后每

图 3.8　模型仿真

次在 Pro/E 中修改模型导入 ADAMS 后读取此宏文件,这样所要进行的操作便会自动进行。

3.3.2　主传动系统模型仿真分析

由于柱塞式胶囊充填机的有些机构做间歇回转运动,有些机构做往复直线运动,当主轴转速升高时,造成机构离心力过大,速度、加速度产生突变,造成设备振动,产生噪声,影响药粉装量差异,因此,有必要对相关机构进行 ADAMS 分析,以改善设备运动状况。针对主传动系统的模型进行动力学分析。由于主传动系统由 6 组凸轮连杆机构组成,其结构相似,在此只对一组凸轮机构进行仿分析,如以合囊凸轮机构为例分析其位移、速度、加速度变化特性(其传动简图如图 2.2 所示),其他凸轮连杆机构分析方法类似。对合囊凸轮机构进行 ADAMS 分析,得到的仿真结果如图 3.9～图 3.11 所示。

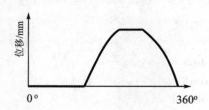

（a）合囊凸轮理论廓线

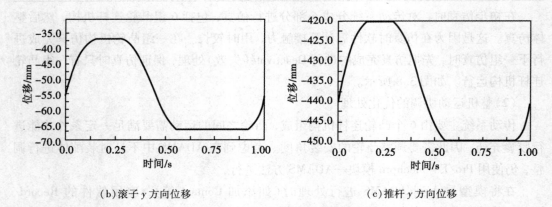

（b）滚子 y 方向位移

（c）推杆 y 方向位移

图 3.9　合囊凸轮机构位移曲线

图 3.9(a)是根据从动件推杆所需运动的运动规律计算所得的凸轮轮廓曲线图;图 3.9(b)为滚子中心随凸轮转动而运动的 y 方向运动规律图。因滚子运动轨迹可反映凸轮轮廓曲线,由比较图 3.9(a)与图 3.9(b)可看出:仿真所得曲线图与实际曲线图基本吻合,故认为合囊凸轮廓线合理。图 3.9(c)为从动件导杆 y 方向上下运动规律图,与图 3.9(b)相似,只是位移不同。

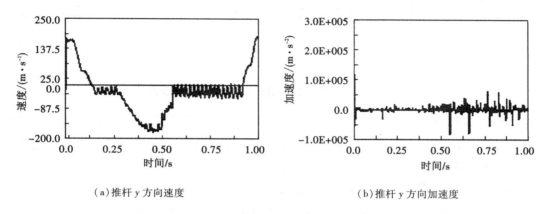

(a)推杆 y 方向速度　　　　　　　　(b)推杆 y 方向加速度

图 3.10　合囊推杆 y 方向速度、加速度

　　由图 3.10 可知:从动件导杆的运动是垂直于地面的上下移动,在 ADAMS 软件中就是沿 y 方向的移动,因此可认为导杆在 x、z 方向速度为零,不对其进行分析。如图 3.10 所示为合囊导杆的速度、加速度曲线。从图 3.10(a)中看到,导杆在 $0.15 \sim 0.25\mathrm{s}$ 及 $0.5 \sim 0.9\mathrm{s}$ 时间段内速度平均值为 0,这时间段对应导杆最大位移和最小位移,而产生的波动是因采用 Contact 命令造成的,并不影响结构分析。图 3.10(b)为其对应的加速度曲线图,理论上加速度在 $0.25\mathrm{s}$、$0.45\mathrm{s}$ 及 $0.9\mathrm{s}$ 时不为零,但因受接触副的影响所得曲线并不理想,需进行后处理。通过仿真得到合囊凸轮机构受力如图 3.11 所示。

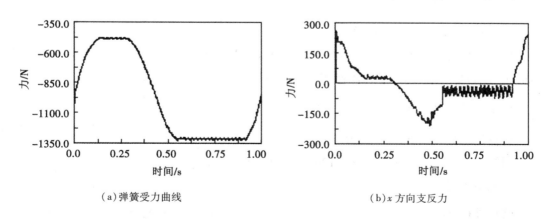

(a)弹簧受力曲线　　　　　　　　(b) x 方向支反力

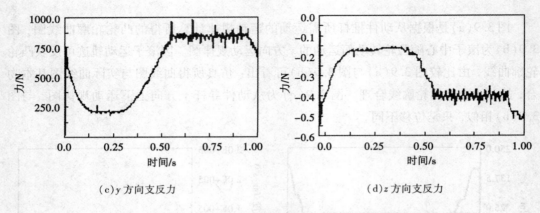

（c）y 方向支反力　　　　　　　　　（d）z 方向支反力

图 3.11　合囊凸轮机构弹簧受力及滚子转动副支反力

由图 3.11（a）可知，弹簧受拉伸力，弹簧受力有一个最大值和一个最小值，和上述速度曲线相同，分别出现在导杆最大位移处和最小位移处，这是由凸轮轮廓线决定的。图 3.11（b）、3.11（c）、3.11（d）是连接滚子与连杆的约束副所受的支反力，由图可看出其 y 方向是主要的受力方向，所受支反力最大，这也是由凸轮结构决定的。

通过对充填机主传动系统的仿真分析，得到了凸轮连杆机构的运动规律，并得到了运动规律的曲线图以及弹簧受力曲线图及转动副的支反力曲线图，利用该仿真方法可以优化主传动系统关键参数，优化凸轮连杆结构，为改善柱塞式充填机主传动系统性能提供理论和方法依据，优化其动力学、运动学特性。

3.4　间歇机构设计

3.4.1　槽轮间歇机构设计

（1）六工位槽轮间歇机构设计

根据整体的设计要求，取槽轮机构中心距 $C = 120\text{mm}$、六工位、最长工序时间（剂量盘静止时间）$t_d = 2\text{s}$，采用单销 6 槽的外槽轮机构，即 $z = 6$，$m = 1$，则有

槽轮运动角 $2\beta = \dfrac{2\pi}{z} = \dfrac{360°}{6} = 60°$

拨盘运动角 $2\alpha = 180° - 2\beta = 120°$

圆销回转半径 $R_1 = C \times \sin\beta = 120 \times \sin30° = 60(\text{mm})$

取圆销半径 $R_T = 8\text{mm}$

槽轮外径 $R_2 = \sqrt{(C \times \cos\beta)^2 + R_T^2} = \sqrt{(120 \times \cos30°)^2 + 8^2} = 104.23(\text{mm})$

轮槽深 $h = R_1 + R_2 - C + R_T + \delta$　　δ 取 5，所以 $h = 60 + 104.23 - 120 + 8 + 5 = 57.23$（mm）

回转轴径 $d_1 < 2 \times (C - R_2) = 2 \times (120 - 104.23) = 31.54(\text{mm})$，取 30mm

拨盘上锁止弧所对中心角 $\gamma = 2\pi - 2\alpha = 360° - 120° = 240°$

取槽轮槽口处厚度 $b = 5\text{mm}$

锁止弧半径 $R_0 = R_1 - b - R_T = 60 - 5 - 8 = 47(\text{mm})$

根据上述计算，得到如图 3.12 所示的六工位槽轮间歇机构模型。

图 3.12　六工位槽轮间歇机构模型

1—主动轮；2—从动轮

如图 3.12 所示，六工位槽轮间歇机构模型，槽轮机构由主动轮 1 和从动轮 2 组成。主动轮 1 连续回转，当其上的圆销进入从动轮 2 的沟槽时，带动从动轮回转。当转过一定的角度时，圆销脱离从动轮 2。主动轮 1 继续转动，从动轮 2 处于静止状态，直到主动轮 1 上的圆销再次与从动轮 2 的槽沟配合，将再次带动从动轮 2 运动。主动轮 1 的动力由电机通过滚子链传递给主轴，主轴通过链轮和滚子链将动力传递给一个输入轴。此输入轴通过锥齿轮将动力传递给与其垂直的另一根输入轴，此输入轴固定在主动轮 1 上带动主动轮 1 连续回转，从动轮 2 通过输出轴与轴头连接，轴头固定在剂量盘上，当主动轮 1 由电机带动连续回转时，将带动从动轮 2 间歇回转，从而达到了使剂量盘间歇回转的目的。

（2）十工位槽轮间歇机构设计

给定中心距 $C = 120\text{mm}$，采用单销外槽轮机构，即 $z = 10$，$m = 1$。

所以槽轮运动角 $2\beta = \dfrac{2\pi}{z} = \dfrac{360°}{10} = 36°$

拨盘运动角 $2\alpha = 180° - 2\beta = 108°$

圆销回转半径 $R_1 = C \times \sin\beta = 120 \times \sin18° = 37.08(\text{mm})$

槽轮外径 $R_2 = \sqrt{(C \times \cos\beta)^2 + R_T^2} = \sqrt{(120 \times \cos18)^2 + 8^2} = 114.41(\text{mm})$

取圆销半径 $R_T = 8\text{mm}$

轮槽深　$h = R_1 + R_2 - C + R_T + \delta$，$\delta$ 取 5，所以 $h = 37.08 + 114.41 - 120 + 8 + 5 = 44.49(\text{mm})$

回转轴径 $d_1 < 2(C - R_2) = 2 \times (120 - 114.41) = 11.18(\text{mm})$，取 11mm

拨盘上锁止弧所对中心角 $\gamma = 2\pi - 2\alpha = 360° - 108° = 252°$

取槽轮槽口处厚度 $b = 5\text{mm}$

锁止弧半径 $R_0 = R_1 - b - R_T = 37.08 - 5 - 8 = 24.08(\text{mm})$

根据上述计算，得到如图 3.13 所示的十工位槽轮间歇机构模型。

图 3.13 十工位槽轮间歇机构的实体模型

1—主动轮；2—从动轮

如图 3.13 所示的十工位槽轮间歇机构模型的主动轮 1 与从动轮 2 的运动原理与六工位槽轮间歇机构的运动原理相同。运用槽轮来实现间歇转动冲击较大，会降低胶囊充填机的稳定性。

3.4.2 圆柱凸轮间歇机构的设计

圆柱凸轮间歇机构与槽轮间歇机构结构不同，圆柱凸轮间歇机构是一种较理想的高速高精度的分度机构。其特点是结构简单、紧凑，刚性好，能承受大转矩间歇运动场合；分度范围大、精度高，设计上限制较少，制造成本还比较低。为此，圆柱凸轮式间歇机构使用比槽轮间歇机构多。

以六工位为例，给定分度数 $n = 6$，凸轮旋转每转一周时间为 1s，分度时间为 0.3s，则：

分度角 $\theta_h = 360° \times 1/3 = 120°$，凸轮轴转速 $N = 60/1 \text{ r/min} = 60 \text{ r/min}$

工作台重力 $W = 441 \text{ N}$，工装重 50 N，工件重 5 N。

工作台惯性矩 $I_1 = \dfrac{WR^2}{2g} = \dfrac{441 \times \left(\dfrac{600}{2 \times 1000}\right)^2}{2 \times 9.8} = 2.025(\text{kg} \cdot \text{m}^2)$

工装惯性矩 $I_2 = \dfrac{WR^2}{2g} = \dfrac{50 \times \left(\dfrac{500}{2 \times 1000}\right)^2}{2 \times 9.8} = 0.159(\text{kg} \cdot \text{m}^2)$

工件惯性矩 $I_3 = \dfrac{WR^2}{2g} = \dfrac{5 \times \left(\dfrac{500}{2 \times 1000}\right)^2}{2 \times 9.8} = 0.016(\text{kg} \cdot \text{m}^2)$

总惯性矩 $I = I_1 + I_2 + I_3 = 2.025 + 0.159 + 0.016 = 2.2 \ (\text{kg} \cdot \text{m}^2)$

输出轴最大角加速度 $\alpha = \dfrac{72\pi \times 5.52}{n}\left(\dfrac{N}{\theta_h}\right)^2 = \dfrac{72\pi \times 5.52}{6} \times \left(\dfrac{60}{120}\right)^2 = 52.093(\mathrm{rad/s}^2)$

惯性转矩 $T_i = I_\alpha = 2.2 \times 52.093 = 114.605(\mathrm{N \cdot m})$

摩擦转矩 $T_F = \mu W_F R_F = 0.15 \times [441 + 6 \times (50 + 5)] \times \dfrac{250}{100} = 28.913(\mathrm{N \cdot m})$

工作转矩 T_W，因为分度时不做功，工作转矩 $T_W = 0$

负荷转矩 $T_0 = T_i + T_F + T_W = 114.605 + 28.913 + 0 = 143.518(\mathrm{N \cdot m})$

设使用系数 $f_s = 1.5$，即负荷转矩

$$T_e = f_s T_0 = 1.5 \times 143.518 = 215.277(\mathrm{N \cdot m})$$

轮轴转矩 $T_c = K\left(\dfrac{360}{n\theta_h}\right)T_e + T_{ca} = 0.99 \times \dfrac{360}{6 \times 120} \times 215.277 + 15 = 121.562(\mathrm{N \cdot m})$

需动力 P 涡轮减速机的效率 $\eta = 60\%$，$P = \dfrac{T_c N}{9750\eta} = \dfrac{121.562 \times 60}{9750 \times 0.6} = 1.247(\mathrm{kW})$

因为是峰值，取其 0.5，则 $P_e = \dfrac{P}{2} = \dfrac{1.247}{2} = 0.62(\mathrm{kW})$

按寿命计算转矩 $T_i = T_e L_f = 215.277 \times 1.166 = 251.013(\mathrm{N \cdot m})$

圆柱凸轮间歇机构模型如图 3.14 所示。

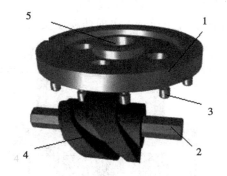

图 3.14　圆柱凸轮间歇机构模型

1—从动盘；2—输入轴；3—滚子；4—圆柱凸轮；5—输出轴安装孔

如图 3.14 所示，圆柱凸轮间歇机构大体包括三部分，主动轴 2 和圆柱凸轮 4 以及从动盘 1。主动轴 2 和圆柱凸轮 4 之间过盈配合，使得两者相当于一个整体，从动盘 1 与凸轮之间的运动传递就是通过滚子 3 和轮廓之间的相互配合实现的。当输入轴 2 在电机的带动下转动时，与之配合的圆柱凸轮 4 转动，滚子 3 与轮廓之间的配合 2 使运动实现。

假设输入轴 2 做顺时针转动，滚子 3 从轮廓的右端曲面切入，当输入轴 2 转过一个角度后，滚子 3 右端曲面分离，从动盘 1 不受力，在这段时间从动盘 1 处于静止的状态；输入轴 2 继续旋转一定的角度，滚子 3 将会从轮廓左端面相切移出，圆柱凸轮 4 通过滚子 3 向从动盘传递扭矩，从动盘 1 转动。输入轴 2 继续转过一定的角度，下一个滚子又和轮廓右端面切入，重复上面的过程，实现从动盘的间歇转动。圆柱凸轮间歇机构的特点是：噪声低，振动小，机构简单，目前应用较广。

第 4 章　充填机构运动分析及装量调节

充填机构是柱塞式胶囊充填机的关键机构之一，运动复杂，既有间歇回转运动，又有直线往复运动，并需要满足间歇运动与直线运动相互配合。剂量盘固定于盛粉环上，当剂量盘回转式时，充填机构静止不动；当剂量盘间歇静止时，充填机构做直线运动。

4.1　充填机构结构及充填原理

4.1.1　充填机构结构

所有型号的柱塞式胶囊充填机的充填机构结构基本一样，剂量盘都是六工位间歇回转，每工位为60°；充填杆往复直线运动，实现药粉压实及充填功能，图4.1为柱塞式充填机构结构图。

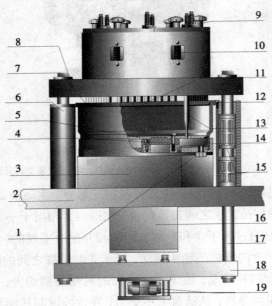

图 4.1　充填机构结构图

1—调节螺钉；2—工作台面；3—座箱；4—紧固螺钉；5—剂量盘；6—立柱；7—盛粉环；
8—充填杆座；9—压紧旋钮；10—标尺；11—座板；12—紧固螺钉；13—充填杆；14—座体；
15—直线轴承；16—六工位间歇机构；17—立柱轴；18—连板；19—滚轮轴承

如图 4.1 所示，充填机构的运动过程为：减速电机经链轮、链条带动主传动轴上充填凸轮回转，充填凸轮的回转运动带动连杆绕支点往复摆动，连杆端部安装滚轮轴承19，滚轮轴承 19 可以在连板 18 框内座与连板框相对移动，从而将连杆的摆动运动转换为立柱轴 17 在立柱 6 孔内直线运动，剂量盘 5 通过紧固螺钉 4 紧固在六工位间歇机构轴头的法兰盘上，紧固螺钉 12 将剂量盘 5 与盛粉环 7 固结在一起，剂量盘 5 随六工位分度箱轴头做间歇回转运动；充填杆座 8 与立柱轴 17 通过螺钉紧固在一起，充填杆座 8 上安装 6 组充填杆，当充填凸轮带动充填杆座 8 往复移动时，充填杆便随着充填杆座做直线往复运动，完成药粉柱压实及充填功能。

4.1.2 药粉充填方式及原理

胶囊充填机的充填方式有三种，分别是：插管定量式、活塞定量式以及柱塞定量式。

① 插管定量式装置，如图 4.2 所示。该充填方法主要针对黏性低的药粉充填。其工作原理为：药粉斗 3 内插入空心定量管 1 使药粉被压紧。定量管向上移动并转动使活塞 2 下降，此时药粉下移至胶囊体 4 内。药粉被下滑的活塞挤入放置好的壳体中，药粉充填即完成。该方式充填无需剂量盘，充填精度高，但充填效率低。

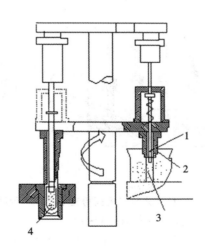

图 4.2 插管式定量装置

1—定量管；2—活塞；3—药粉斗；4—胶囊体

② 活塞定量式装置，如图 4.3 所示。其充填原理为：药粉装于料斗 4 内，由药量高度调节板 5 控制进入料斗的药量，滑块 7 控制进入定量管 3 内的药量，定量活塞 2 调节定量管 3 的容量，定量管 3 内的药粉通过支管 8 进入下囊板 10，最终充入胶囊体 9 中。该充填方法因其内部结构较复杂且填充用时较长，占市场比率最低。

③ 柱塞定量式装置。如图 4.4(1) 所示。剂量盘 2 为药粉定量盘，决定药粉装置，铜环 1 在剂量盘的下面，与剂量盘间隙很小，防止剂量盘孔漏粉，充填杆 3 将剂量盘孔内药粉压实，并在充填工位将药粉充入下模块 6 中的胶囊体中，盛粉环 4 盛装粉，隔离块 5 使

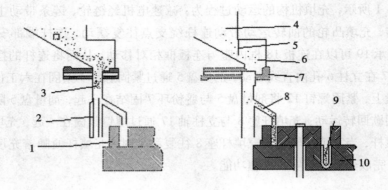

图4.3 活塞定量式装置

1—填料器；2—定量活塞；3—定量管；4—料斗；5—药量高度调节板；6—药粒
7—滑块；8—支管；9—胶囊体；10—下囊板

剂量盘2上面的药粉与孔中药粉隔开，以保证装置精度。充填机构是间歇回转机构，共有六个工位，a，b，c，d，e五个工位为药粉压实工位，f工位与回转机构中的下模块对齐并将药粉充入胶囊体中。

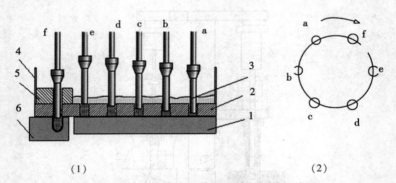

图4.4 柱塞式胶囊机药粉充填过程的示意图

1—铜环；2—剂量盘；3—充填杆；4—盛粉环；5—隔离块；6—下模块
a—第一工位；b—第二工位；c—第三工位；d—第四工位；e—第五工位；f—第六工位

图4.4(2)为剂量盘六工位回转示意图，剂量盘随六工位间歇机构回转，每个位置都有一组充填杆。不同型号的柱塞式胶囊充填机每组充填杆数量不同，如NJP1200充填机每组充填杆为9根；NJP2000充填机每组充填杆为18根，每组充填杆进入剂量盘孔内的深度可根据装量要求调整。图4.4(1)为六工位充填机构展开图，a组充填杆进入剂量盘内最深，b组充填杆进入深度减少，c组、d组、e组以此类推，f组为充填工位，经过前几组充填杆将药粉压实，由f组充填杆将压实后的药粉（柱）充入到下模块6中的胶囊体中。

铜环1固定在座板上，铜环1与剂量盘2间隙很小以减少漏粉。剂量盘2在充填机构的充填过程中起着存储药粉的重要作用，剂量盘的每个工位处的孔数与回转机构中上下模块的孔数必须相同。可以根据胶囊装药多少来选择剂量盘的厚度，这是由于不同型号的胶囊，其切口长度、口部直径以及套合长度等都不一样，剂量盘的厚度在一定程度上决定了药粉的充填量，大容量的胶囊需要用更厚的剂量盘来填充药粉。另外，不同药粉的流动性和黏性都不一样，导致压实的程度也不一样，通过微调机构来调整充填杆进入剂量盘孔内的深度，就可以改变充填药粉在剂量盘模孔内的药粉密度，进而改变装药重量。在建立剂量盘的模型时一定要考虑与回转机构中下模块能实现精确配对，并防止模型在运转过程中发生碰撞干涉。

4.2　充填机构结构设计

4.2.1　充填凸轮连杆机构位置确定

柱塞式胶囊充填机充填机构设计力求在满足使用性能要求的前提下，结构尽量紧凑，根据充填机构所需要的动程，确定连杆支点位置、凸轮回转中心位置等，图 4.5 为凸轮连杆机构示意图。

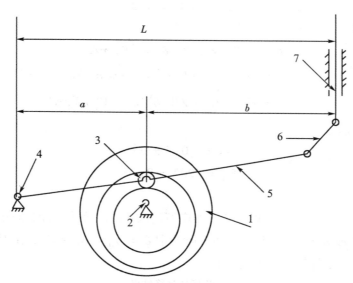

图 4.5　凸轮连杆机构示意图

1—充填凸轮；2—充填凸轮回转中心；3—滚子；4—摆杆支点；5—摆杆；6—连杆；7—立柱轴
L—摆杆回转中心到立柱轴距离；a—摆杆回转中心到滚子中心距离；b—滚子中心到立柱轴距离

如图 4.5 所示，假定凸轮回转中心与转子中心对正，摆杆回转中心到立柱轴距离为 L，摆杆回转中心到滚子中心距离为 a，滚子中心到立柱轴距离为 b，立柱动程为 H，转子动程为 h，充填凸轮基圆半径为 r_0，滚子半径为 r_r，摆杆转角 δ，转子位移为 s，以充填凸轮回转中心为圆心，水平轴为 x 轴，纵轴为 y 轴，建立坐标系。得到转子动程为

$$h = \frac{aH}{a+b} \qquad (4.1)$$

4.2.2 充填凸轮廓线确定

(1)凸轮理论廓线确定

根据式(4.1)近似确定充填凸轮的基圆半径 r_0 及轮廓曲线。

① 推程阶段

$$\delta_{01} = 90° = \frac{\pi}{2}, \ \delta_1 = [0, \pi/2]$$

$$
\begin{aligned}
s_1 &= h\left[\left(\frac{\delta_1}{\delta_{01}}\right) - \sin\left(\frac{2\pi\delta_1}{\delta_{01}}\right)/(2\pi)\right] \\
&= h\left[\left(\frac{3\delta_1}{\pi}\right) - \sin(6\delta_1)/(2\pi)\right]
\end{aligned} \qquad (4.2)
$$

② 远休止阶段

$$\delta_2 = [0, \pi/3]$$

$$\delta_{02} = 60° = \pi/3$$

③ 回程阶段

$$\delta_{03} = 90° = \pi/2, \ \delta_3 = [0, \pi/2]$$

$$
\begin{aligned}
s_3 &= 10h\delta_3^3/\delta_{03}^3 - 15h\delta_3^4/\delta_{03}^4 + 6h\delta_3^5/\delta_{03}^5 \\
&= 80h\delta_3^3/\pi^3 - 240h\delta_3^4/\pi^4 + 193h\delta_3^5/\pi^5
\end{aligned} \qquad (4.3)
$$

④ 近休止阶段

$$\delta_2 = [0, 2\pi/3]$$

$$\delta_{04} = 120° = 2\pi/3$$

$$s_4 = 0$$

取计算时间间隔为5°,将以上各式相应值代入各阶段公式。计算时推程阶段取 $\delta = \delta_1$,在远休止阶段 $\delta = \delta_{01} + \delta_2$,在回程阶段取 $\delta = \delta_{01} + \delta_{02} + \delta_3$,在近休止阶段 $\delta = \delta_{01} + \delta_{02} + \delta_{03} + \delta_4$,计算结果见表4.1。

表4.1　　　　　　　　　　　　理论廓线计算结果

$\delta/(°)$	x/mm	y/mm
0	0.000	50.000
5	4.459	49.826
10	8.705	49.370
⋮	⋮	⋮
350	−8.682	49.240
355	−4.358	49.810
360	0.000	50.000

（2）充填凸轮工作廓线的确定

$$x' = x - r_r\cos\theta \ , \ y' = y - r_r\sin\theta$$

$$\sin\theta = (\mathrm{d}x/\mathrm{d}\delta)/\sqrt{(\mathrm{d}x/\mathrm{d}\delta)^2 + (\mathrm{d}y/\mathrm{d}\delta)^2}$$

$$\cos\theta = -(\mathrm{d}y/\mathrm{d}\delta)/\sqrt{(\mathrm{d}x/\mathrm{d}\delta)^2 + (\mathrm{d}y/\mathrm{d}\delta)^2}$$

(4.4)

① 推程阶段

$$\delta_{01} = 90° = \frac{\pi}{2}$$

$$\mathrm{d}x/\mathrm{d}\delta = (\mathrm{d}s/\mathrm{d}\delta)\sin\delta_1 + (r_0 + s)\cos\delta_1$$

$$= \left[\frac{2h}{\pi}(1 - \cos4\delta_1)\right]\sin\delta_1 + (r_0 + s)\cos\delta_1$$

(4.5)

$$\mathrm{d}y/\mathrm{d}\delta = (\mathrm{d}s/\mathrm{d}\delta)\cos\delta_1 + (r_0 + s)\sin\delta_1$$

$$= \left[\frac{2h}{\pi}(1 - \cos4\delta_1)\right]\cos\delta_1 - (r_0 + s)\sin\delta_1$$

(4.6)

② 远休止阶段

$$\delta_{02} = 60° = \pi/3$$

$$\mathrm{d}x/\mathrm{d}\delta = (r_0 + s)\cos(\pi/2 + \delta_2)$$

(4.7)

$$\mathrm{d}y/\mathrm{d}\delta = -(r_0 + s)\sin(\pi/2 + \delta_2)$$

(4.8)

③ 回程阶段

$$\delta_{03} = 90° = \pi/2$$

$$\mathrm{d}x/\mathrm{d}\delta = (\mathrm{d}s/\mathrm{d}\delta)\sin(\delta_3 + \pi) + (r_0 + s)\cos(\delta_3 + \pi)$$

(4.9)

④ 近休止阶段

$$\delta_{04} = 120° = 2\pi/3$$

$$\mathrm{d}x/\mathrm{d}\delta = (r_0 + s)\cos(4\pi\pi/3 + \delta_4)$$

(4.10)

$$\mathrm{d}y/\mathrm{d}\delta = -(r_0 + s)\sin(4\pi/3 + \delta_4)$$

(4.11)

计算结果见表4.2。

表4.2 工作廓线计算结果

$\delta/(°)$	x'/mm	y'/mm
0	0.000	25.000
5	3.602	24.855
10	7.409	24.455
⋮	⋮	⋮
350	−6.946	24.392
355	−3.486	24.847
360	0.000	25.000

4.3 充填机构模型建立

4.3.1 充填凸轮结构

按照上述公式得到充填凸轮实际廓线。为便于安装，将凸轮做成分体。安装时，将充填凸轮上半部 1 和充填凸轮下半部 2 在主传动轴相应位置上组合调整好角度后，将紧固螺钉 3 旋紧，使两个半凸轮组成一个整体。凸轮与传动轴通过键 5 传递扭矩，将顶键螺钉顶在键上旋紧，依靠键与主传动轴的抱合力带动充填凸轮回转。滚子槽 6 安装滚子。滚子装在摆臂上，当凸轮回转时，滚子在槽内滚动，带动摆臂摆动，完成立柱轴往复移动实现充填功能，充填凸轮的结构如图 4.6 所示[11-14]。

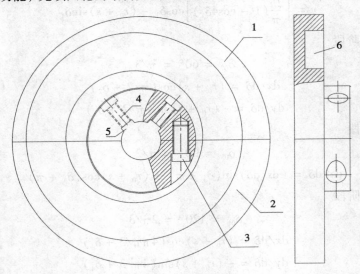

图 4.6 充填凸轮

1—充填凸轮上半部；2—充填凸轮下半部；3—紧固螺钉；4—顶键螺孔；5—键槽；6—滚子槽

4.3.2 充填机构模型建立

对充填机构各零件建模并装配得到如图 4.7 所示的充填机构模型。

将图 4.7 模型安装到充填机工作台面上，并将充填凸轮连杆系统的模型统一到充填机构中，得到如图 4.8 所示的充填机构模型。

压板与夹持体由螺栓固定在一起，通过压板上方的压紧旋钮（位于压板的中间位置，未给出）带动充填杆的上下移动，从而调节充填杆插入剂量盘孔内的深度。需要说明的是，充填杆座以上部分随导杆一起做往复的上下运动，而导杆的运动是由主传动部分中的充填凸轮传动的。充填杆座以下的部分由六工位的间歇机构带动，通过间歇回转运动协同充填杆的上下运动共同完成药粉的压实与填充。

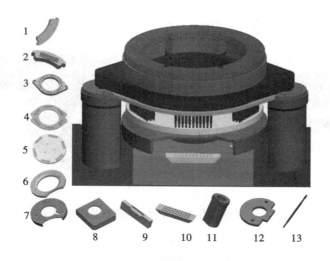

图 4.7 充填机构的零件以及装配模型

1—压板；2—夹持体；3—充填杆座；4—座板；5—剂量盘；6—铜环；7—下座体；
8—下座板；9—吸粉盒安放块；10—吸粉盒；11—立柱；12—立柱环；13—充填杆

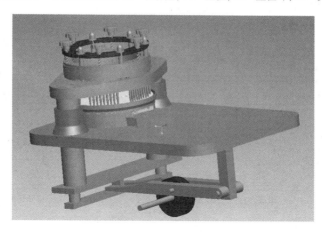

图 4.8 充填机构模型

4.3.3 充填凸轮连杆机构运动及应力分析

（1）充填凸轮连杆机构运动分析

将图 4.8 的模型在 Pro/E 中隐藏其他无关的部件，只显示凸轮连杆机构。通过 MECH/Pro 导入 ADMAS 中，在 ADMAS 中进行设置。凸轮的转速即为主传动轴转速，为了更加真实地接近实际，滚子与凸轮之间施加 Body to Body 的 Contact，连杆末端与立柱接触的滚子与立柱施加同样的接触。而其中的不动件，如大板和支撑架都设置与大地固连，即施加 FIXED。导入 ADMAS 后设置好的机构模型如图 4.9 所示，其中放大部分为连杆设置为透明状态时的显示。

图 4.9　ADMAS 中的充填凸轮连杆机构模型

设置 Simulation 的 End time 为 0.8s，Steps 为 100。仿真得到立柱质心竖直的速度、加速度随时间的变化，如图 4.10 和图 4.11 所示。

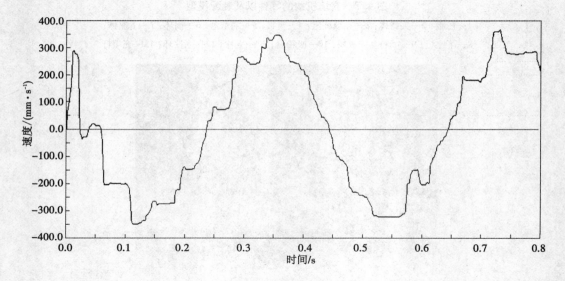

图 4.10　立柱质心的竖直速度曲线

（2）充填凸轮连杆机构之间的瞬时接触分析

较剔废、合囊等工位的机构相比，充填工位既有类似之处，也有特殊的地方。相似的地方在于同样采用凸轮连杆机构，通过主传动轴带动凸轮转动，将转动改变成竖直的上下运动；不同之处在于凸轮与滚子的接触。在其他机构中，凸轮与滚子之间的接触通过弹簧相连接，所以接触中滚子并未受到太大的力，而充填凸轮连杆机构中滚子直接处于凸轮的轮槽内，当凸轮转动时，滚子依靠接触力带动连杆运动，下面针对滚子与沟槽的接触情况进行分析。

① 滚子的变形分析。凸轮沟槽与滚子之间接触，凸轮转动时接触力也随之变化，通过仿真可以看到接触力在 x，y，z 方向上的力的变化，如图 4.12 所示。

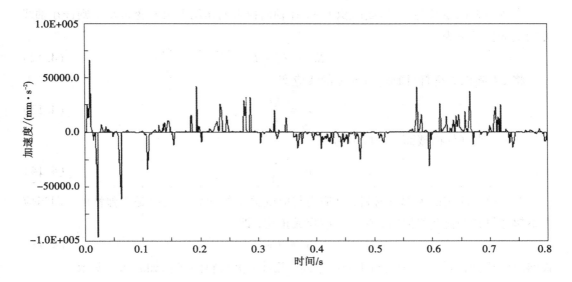

图 4.11 立柱质心的竖直加速度曲线

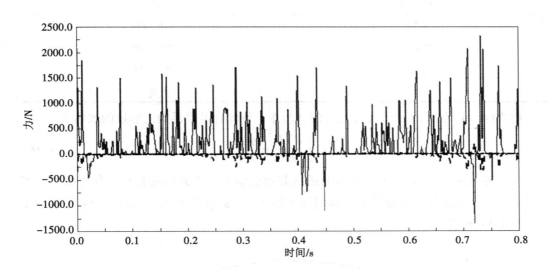

图 4.12 凸轮与滚子接触力在各个方向上的变化

图 4.12 中变化幅度较小的曲线是接触力在 x 方向上的变化，其最大值为 206.2587N，最小值为 −328.0607N；变化幅度大的曲线代表接触力在 y 方向上的变化，最大值为 2329.3138N，最小值为 −1354.6108N；变化幅度最小的曲线表接触力在 z 方向上的变化，最大值 0.0345N，最小值为 −0.1067N，几乎为零。

综上，接触力主要分布在 y 方向上，由 x，y 方向力的大小可以判断不会超过 2400N。因此设定接触力全部加在 y 方向上且为 2400N，求解滚子在 y 方向上的位移变形量。滚子在径向压力的作用下，将引起径向变形，即滚子的截面由圆变为椭圆，而原本滚子与凸轮之间的线接触也变为了面接触。针对滚子的受力分析其 y 方向上的变形。

设等直杆的原长为 L，横截面积为 A，在轴向拉力的作用下由 L 变为 L_1，则杆在轴线方向上的伸长量为

$$\Delta L = L_1 - L \tag{4.12}$$

将 ΔL 除以 L 得杆件轴线方向上的线应变

$$\varepsilon = \frac{\Delta L}{L} \tag{4.13}$$

此外，在杆件横截面上的应力为

$$\sigma = \frac{F}{A} \tag{4.14}$$

在工程上应用的大部分材料，其应力与应变关系的初始阶段都是线弹性的，即当应力不超过材料的比例极限时，应力与应变成正比，即

$$\sigma = E\varepsilon \tag{4.15}$$

式(4.15)中弹性模量 E 因材料不同而不同，几种常见材料的 E 值如表 4.3 所示。

表 4.3　　　　　　　　　　几种常见材料的弹性模量值

材料名称	E/GPa
碳钢	$196 \sim 216$
合金钢	$186 \sim 206$
铜及其合金	$78.5 \sim 157$
铝合金	70

把式(4.14)和式(4.15)代入公式(4.12)中，整理后可以得到变形量的表达式

$$\Delta L = \frac{F_N L}{EA} = \frac{FL}{EA} \tag{4.16}$$

设碰撞力的大小为 F，在与力垂直的横截面会沿着垂直方向变化且变化平缓。上下半平面对称，所以只需分析半个平面的变形即可，在此选择上半平面进行分析，滚子受力如图 4.13 所示。

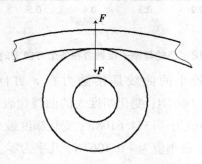

图 4.13　凸轮与滚子的接触受力示意图

为了便于研究将上半平面又划分为 A、B 两个部分，单独分析 A、B 的变形后相加即为上半圆的变形，滚子的横切面如图 4.14 所示。

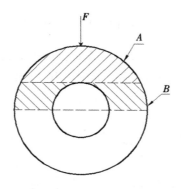

图 4.14　滚子横切面的划分

当以恒定的 F 作用在滚子上，其横截面沿着 y 轴方向变化，与 y 轴线重合，这时可用相邻的截面中取出长为 $\mathrm{d}x$ 的微段，如图 4.15 所示。

微段压缩量为

$$\mathrm{d}(\Delta R_\mathrm{A}) = \frac{F}{EA(x)}\mathrm{d}x \tag{4.17}$$

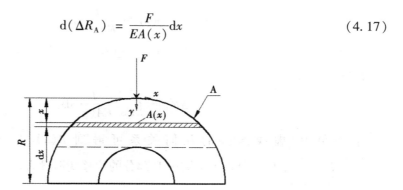

图 4.15　滚子截面的 A 部分

A 部分 $x \in (0, 13.45)$，所以积分式(4.17)，就可以得到上半圆 A 部分的位移变形量

$$\Delta R_\mathrm{A} = \int_0^{13.45} \frac{F}{EA(x)}\mathrm{d}x \tag{4.18}$$

其中滚子的外圆半径 R 为 23.45mm，内圆半径 r 为 10mm，滚子的高度 $H = 20$mm，且 $F = 2400$N，通过查表得 $E = 200$GPa，通过几何关系得到 $A(x) = 2H\sqrt{R^2 - (R - x)^2}$，代入可得 A 部分的变形量(计算过程中的单位为 m，求得结果转化为 mm)。

$$\begin{aligned}
\Delta R_\mathrm{A} &= \int_0^{13.45} \frac{F}{EA(x)}\mathrm{d}x = \int_0^{13.45} \frac{F}{2EH\sqrt{R^2 - (R - r)^2}}\mathrm{d}x \\
&= \int_0^{13.45} \frac{2400}{2 \times 200 \times 10^9 \times 20 \times 10^{-6} \times \sqrt{46.9 \times x - x^2}}\mathrm{d}x \\
&= \frac{3}{1000} \times \int_0^{13.45} \frac{1}{\sqrt{46.9 \times x - x^2}}\mathrm{d}x \tag{4.19}
\end{aligned}$$

求解定积分函数，得到

$$\Delta R_{\mathrm{A}} = \frac{3}{10000} \times 1.13024 = 3.39072 \times 10^{-4}\,(\mathrm{mm})$$

接下来分析 B 部分的位移变形量，与 A 部分的解法类似，通过截取微段求解位移变形量，然后在 x 的区间范围内进行积分，如图 4.16 所示。

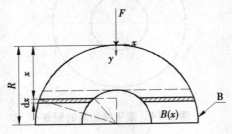

图 4.16 滚子截面的 B 部分

与 A 部分类似，通过求解可以得到微段的压缩量为

$$\mathrm{d}(\Delta R_{\mathrm{B}}) = \frac{F}{EA(x)}\mathrm{d}x \tag{4.20}$$

在 B 部分内，$x \in (13.45, 23.45)$，通过在 x 区间范围内的积分，求得上半圆 B 部分的位移变形量

$$\Delta R_{\mathrm{B}} = \int_{13.45}^{23.45} \frac{F}{EA(x)}\mathrm{d}x \tag{4.21}$$

由图 4.16 虚线部分的几何关系可得到 $A(x) = 2H(\sqrt{R^2 - (R-x)^2} - \sqrt{r^2 - (R-x)^2})$，代入可得上半圆中 B 部分的位移变形量为

$$\begin{aligned}
\Delta R_{\mathrm{B}} &= \int_{13.45}^{23.45} \frac{F}{EA(x)}\mathrm{d}x \\
&= \int_{13.45}^{23.45} \frac{F}{2EH(\sqrt{R^2 - (R-x)^2} - \sqrt{r^2 - (R-x)^2})}\mathrm{d}x \\
&= \int_{13.45}^{23.45} \frac{2400}{2 \times 200 \times 10^3 \times 20 \times (\sqrt{46.9x - x^2} - \sqrt{46.9x - x^2 - 449.9045})}\mathrm{d}x \\
&= \frac{3}{10000}\int_{13.45}^{23.45} \frac{1}{\sqrt{46.9x - x^2} - \sqrt{46.9x - x^2 - 449.9045}}\mathrm{d}x
\end{aligned} \tag{4.22}$$

求解定积分函数，得到

$$\begin{aligned}
\Delta R_{\mathrm{A}} &= \frac{3}{10000} \times 0.6795 \\
&= 2.0385 \times 10^{-4}\,(\mathrm{mm})
\end{aligned}$$

由截面的对称性，可知上半圆与下半圆的变形量相等，因此，滚子受到接触力时所产生的总变形量为

$$\Delta R = 2(\Delta R_A + \Delta R_B) = 2 \times 5.42922 \times 10^{-4}(\mathrm{mm})$$
$$= 1.0858\mu m$$

② 滚子的最大接触应力分析。参考《机械设计手册》(2008 版)直接引用接触最大应力的计算公式,并将参量带入得凸轮与滚子接触的最大应力计算公式为

$$\sigma_{max} = 0.418 \times \sqrt{\frac{F \times E}{L} \times \frac{R_2 - R_1}{R_1 \times R_2}} \qquad (4.23)$$

其中, F ——接触时的集中载荷, N;

　E ——弹性模量, Pa;

　R_1 ——接触滚子的半径, m;

　R_2 ——凸轮接触面的半径, m;

　L ——滚子的厚度, m。

将数值带入公式得

$$\sigma_{max} = 0.418 \times \sqrt{\frac{2400 \times 200 \times 10^9}{20 \times 10^{-3}} \times \frac{0.0665 - 0.02345}{0.02345 \times 0.0665}} \cong 340.2407(\mathrm{MPa})$$

$$(4.24)$$

为确保计算应力的准确性,通过有限元分析软件进行分析,找出滚子的最大应力值应力分布情况,然后与计算的数值进行比较。直接将力加载到滚子上进行求解,由于模型较简单,利用 Solidworks 中自带的 Simulation 进行求解,将模型转化格式导入 Solidworks 中,利用 Simulation 模块并施加约束和载荷为 2400N,定义材料属性并进行单位的设置。设置网格划分的密度,运行求解后得到划分好网格模型如图 4.17 所示。

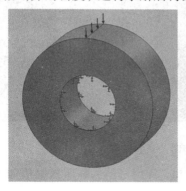

图 4.17　施加的约束和载荷及网格划分

运行模拟得到滚子受到碰撞力时产生的最大应力及应力分布如图 4.18 和图 4.19 所示。

由图 4.18 可以看出通过有限元分析得到的碰撞时最大的应力为 344.7523MPa,与计算的数值基本吻合。而要想使得滚子能够承受最大的应力需满足

$$\sigma_{max} \leqslant [\sigma] \qquad (4.25)$$

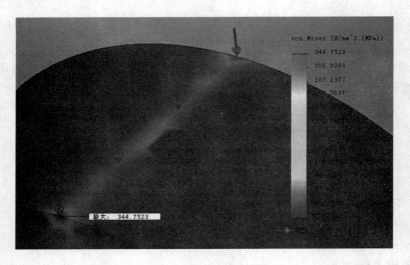

图 4.18　施加载荷时滚子的应力分布以及最大应力

得到滚子的应变分布如图 4.19 所示。

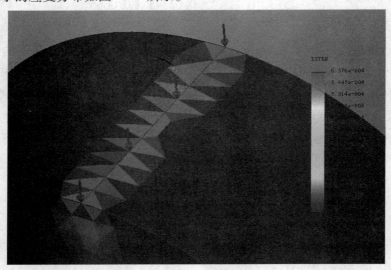

图 4.19　施加载荷时滚子的应变分布

根据材料的屈服极限重新选择滚子的材料，常用材料的屈服极限值如表 4.4 所示。

表 4.4　　　　　　　　　几种常用材料的屈服极限值

材料名称	牌号	σ_s/Pa
普通碳素钢	Q235	216 ~ 461
优质碳素结构钢	40	333
	45	353
合金结构钢	Q390	333 ~ 412
	40Cr	785

由表4.4可以看出，符合滚子的材料有 Q235、钢45 以及合金结构钢。以上求得的最大接触应力为一个瞬间接触集中应力，实际上凸轮与滚子接触时滚子会进行转动，而且接触力大部分分布在 2000N 以下，因此实际的接触应力会比求得的最大接触应力小，所以滚子在工作时除了边缘会发生较大应力外，不会影响正常的工作。

4.4 充填机构运动分析

充填机构是由剂量盘的间歇回转运动以及充填杆的往复上下运动相配合完成药粉的填充。充填杆的运动是由主传动轴通过充填凸轮连杆机构传动的。充填凸轮通过连杆的滚子带动立柱做上下运动，从而带动充填杆随之运动，充填杆伸入剂量盘的深度可以通过旋钮来调节；剂量盘的运动是由间歇回转机构直接带动，其运动形式需与转塔机构和充填机构保持精确的匹配。

基于所建立的充填机构模型，在 MECH/Pro 中将各零部件设置为刚体并导入ADAMS 中，如图 4.20 所示。

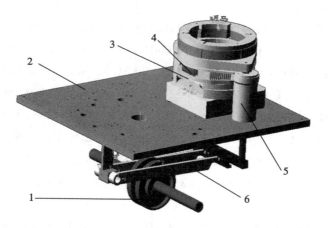

图 4.20 ADAMS 中的充填机构模型

1—充填凸轮；2—工作台板；3—剂量盘；4—充填杆；5—立柱；6—连杆

为了减少在 ADAMS 中施加的约束，在 MECH/Pro 设置刚体时，将一起运动的零部件设置为一个刚体。大板与大地设置为 Fixed Joint；两个连杆与大板设置为转动副 Revolute Joint；在连杆的中间位置分别有两个滚轮，内嵌在凸轮槽内随凸轮运动，凸轮槽施加碰撞约束 Contact。与连杆通过转动副 Revolute Joint 相连接；连杆右端的滚子通过转动副 Revolute Joint 与连杆相连，滚子与立柱施加碰撞约束 Contact；立柱导轨与大地施加上下的移动副 Translational Joint；而工作台板上面与充填杆相连的部分直接固连。因此充填机构中，Revolute Joint 为 8 个，Translational Joint 为 1 个，Fixed Joint 为 3 个，Contact 为 4 个，设置关键约束如图 4.21 所示。

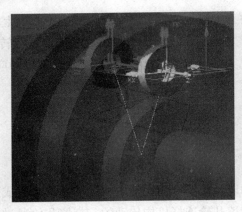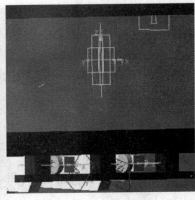

图 4.21　ADAMS 中充填机构模型约束的施加

约束设置完成后施加驱动，主传动轴和剂量盘需要施加驱动约束，主传动轴的转速在前述章节已确定为 151.58r/min，转化为 ADAMS 中默认的单位为 909.48d/s。在仿真过程中为了计算方便，设定主传动轴的转速为 900d/s；而剂量盘的运动、转塔回转机构及主出传动轴的运动需相互匹配，给出与上面回转机构匹配的运动的 STEP 函数如下：

STEP(time, 0, 0d, 0.1, 0d) + STEP(time, 0.1, 0d, 0.3, 60d) + STEP(time, 0.3, 0d, 0.5, 0d) + STEP(time, 0.5, 0d, 0.7, 60d) + STEP(time, 0.7, 0d, 0.9, 0d) + STEP(time, 0.9, 0d, 1.1, 60d) + STEP(time, 1.1, 0d, 1.3, 0d) + STEP(time, 1.3, 0d, 1.5, 60d) + STEP(time, 1.5, 0d, 1.7, 0d) + STEP(time, 1.7, 0d, 1.9, 60d) + STEP(time, 1.9, 0d, 2.1, 0d) + STEP(time, 2.1, 0d, 2.3, 60d) + STEP(time, 2.3, 0d, 2.5, 0d) + STEP(time, 2.5, 0d, 2.7, 60d) + STEP(time, 2.7, 0d, 2.9, 0d) + STEP(time, 2.9, 0d, 3.1, 60d) + STEP(time, 3.1, 0d, 3.3, 0d) + STEP(time, 3.3, 0d, 3.5, 60d) + STEP(time, 3.5, 0d, 3.7, 0d) + STEP(time, 3.7, 0d, 3.9, 60d) + STEP(time, 3.9, 0d, 4.0, 0d)

为了能转塔转机构运动匹配，编写了 4s 内充填机构的运动函数(转塔转动一周的时间为 4s)，而充填机构在 4s 中已经转动了 600°。修改 MOTION 后，设置仿真的时间为 4s，仿真的步长预设为 250。进行运动仿真，相对位置的变化如图 4.22 所示。

图 4.21 中的 1 至 6 图分别为时间为 0、0.1、0.2、0.25、0.3、0.4s 时充填机构所运动到的位置，可以看出充填一次时剂量盘与充填杆的相对位置的变化情况。通过仿真可以得出剂量盘以及立柱导杆质心处的运动特性如图 4.23 至图 4.25 所示。

由于充填杆随立柱导杆一起做上下运动，故导杆的速度、加速度与充填杆的完全一样，位移的变化相同，只是初始位置不同而已。导杆位移的变化取决于充填凸轮的偏心距，在实际中，通过调整充填凸轮的角度改变充填杆的初始位置来满足胶囊充填的要求。剂量盘仿真时转动角度的变化规律如图 4.26 所示。

图 4.22 ADAMS 中充填机构的运动仿真

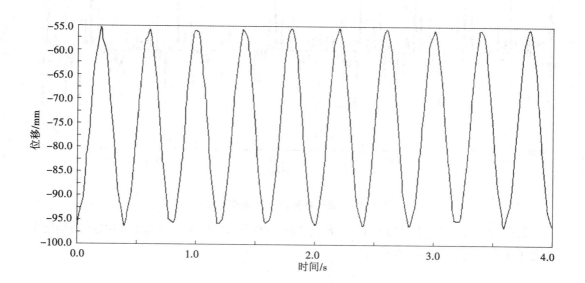

图 4.23 立柱杆竖直方向位移曲线

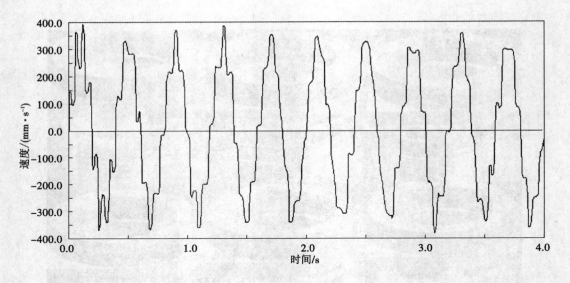

图 4.24　立柱杆竖直方向速度曲线

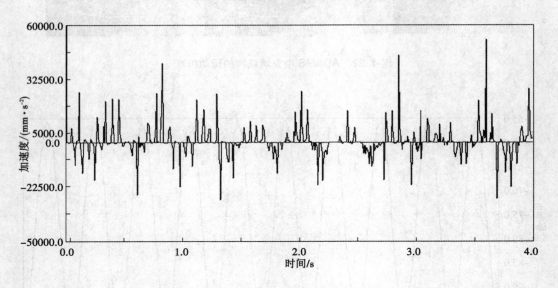

图 4.25　立柱杆竖直方向加速度曲线

　　图 4.26 中角度的单位为 rad，4s 转过 $10\pi/3$ 弧度即 10.47，剂量盘间歇运动角度的变化规律曲线与实际参数相符合。

4.5　充填装量微调机构及调整方法

　　充填机构结构及运动精度决定着柱塞式胶囊充填机装量精度和装量差异。柱塞式充填机构特有的传动特性造成对某些药粉充填效果差、装量差异大等缺陷，尤其是大型设备高速运转时，造成胶囊装量差异过大。只能依靠改变药剂性状来改善装量差异，如将

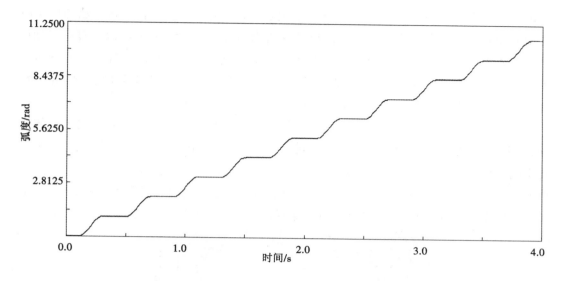

图 4.26　剂量盘间歇运动角度的变化曲线

粉末制粒后再充填，增添制药企业额外的费用。

4.5.1　影响装量因素

影响装量的因素很多，如设备运转速度、剂量盘直径、药粉物理特性、盛粉环内药粉存量、药粉输送方式、刮粉器类型、剂量盘厚度、剂量盘与铜环之间的间隙、充填杆高度等因素。当药粉成分、设备运转速度确定之后，影响胶囊装量差异主要是充填杆高度调节机构、剂量盘与铜环之间的间隙、剂量盘厚度、隔离块与剂量盘间隙。

（1）剂量盘厚度与孔间距

胶囊型号与剂量盘厚度具有标准值，如表 4.5 所示为胶囊型号与对应的剂量盘厚度值。

表 4.5　胶囊型号与剂量盘厚度对应关系

胶囊型号	剂量盘厚度/mm
0A#	18
0B#	18
00#	22
0#	20
1#	18
2#	16
3#	14
4#	12

一般，胶囊充填机生产厂家在充填机出厂时，其剂量盘厚度是按表 4.5 所示的标准厚度值加工的。由于不同药粉的物理特性不同，导致标准剂量盘针对某一药粉，剂量盘

厚度可能需要改变，因此改变剂量盘厚度，也是调整装量的一种方法。该方法适用于所充填的胶囊重量集体偏重或偏轻，若胶囊装量集体偏重，则需将剂量盘厚度车削一定值，然后上机再充填，再称装量；若胶囊装量重量集体偏轻，只能依靠充填杆高度，使5组充填杆将药粉压实以提高装量重量，若还是达不到装量要求，只好更换剂量盘，需要重新加工一个厚度比现值更厚的剂量盘。

剂量盘上的模孔数量影响胶囊充填产量，虽然剂量盘上每个工位所包含的模孔数相同，但同排模孔中心距绝大多为12mm，同一排的模孔至回转中心距离不同，两边的距离比中间的要大些，导致在设备高速运转时，两边模孔位置药粉所受的惯性离心力大，造成两边模孔装量轻，中间位置模块装量重的现象。为减小同排模孔药粉装量差异，力争减少每排模孔数量、减少每排模孔的回转半径。剂量盘上的模孔排列如图4.27所示。

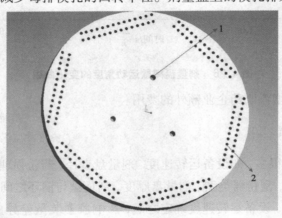

图4.27 剂量盘上的模孔排列图
1—螺栓孔；2—模孔

如图4.27所示，剂量盘由3个螺栓经螺栓孔1与轴头法兰连接，轴头法兰与六工位分度箱的输出轴连接，当药粉从料斗进入剂量盘与盛粉环组成的储药室时，剂量盘和轴头法兰由凸轮间歇机构的输出轴带动做间歇回转运动，在剂量盘上的药粉由于离心力的作用向剂量盘的四周甩开，并在刮粉器的作用下，将药粉平铺在剂量盘上面，经充填杆的压实作用，将药粉在模孔2中压实成药柱。模孔2容积决定充入胶囊体力的装量。

（2）剂量盘铜环间距

剂量盘1的下面是铜环2，铜环2安装在座体上，铜环的作用是防止剂量盘孔内的药粉漏出。剂量盘由凸轮间歇机构的输出轴带动做间歇回转运动，铜环固定不动，铜环与剂量盘之间需要保证一定的间隙。间隙过小，容易造成铜环的磨损；间隙过大，容易造成漏粉过多，影响胶囊装量及装量差异。一般，剂量盘与铜环之间的间隙为0.03～0.08mm。由于间隙的存在，会有少量的药粉会通过剂量盘的模孔散落在铜环之上，时间长了药粉会在铜环上产生划痕，造成铜环的损坏。铜环定期需要进行磨削，以保证其平面的平面度。剂量盘、铜环、座体的结构如图4.28所示。

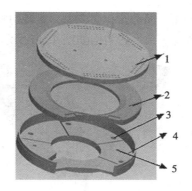

图 4.28　剂量盘、铜环及座体结构

1—剂量盘；2—铜环；3—螺纹孔；4—座体；5—定位孔

4.5.2　供料机构作用及调整方法

为保证均匀供料，供料机构设计成如图 4.29 所示的结构。当需要供料时，由供料传感器发出信号启动供料电机 2 运转，带动搅拌器 5 和供料螺杆 1 回转，将供料箱体 3 内的药粉均匀输送到储药室。供料螺杆 1 与供料管之间的间隙很小，当供料螺杆 1 静止时，药粉不至于沿缝隙下落到储药室。由于供料装置位于充填机构的上方，当需要更换剂量盘、隔离块及清理储药室药粉时，需将料斗装置移开。其方法是：松开紧固螺钉 10，内支杆在弹簧作用下将料斗、螺杆等机构升起到充填机构的上方，用手移动供料箱，便可以拆卸计量调剂机构、充填杆、铝板、充填杆座体、盛粉环、剂量盘等。重新安装，按相反顺序安装即可。

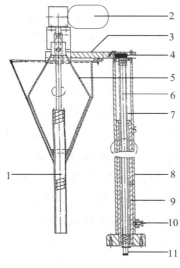

图 4.29　均匀供料机构结构

1—供料螺杆；2—供料电机；3—供料箱体；4—大螺母；5—搅拌器；6—拉杆；

7—弹簧；8—外支杆；9—内支杆；10—紧固螺钉；11—小螺母

供料机构将药粉送到储药室,储药室由剂量盘1、盛粉环10等构成,为减小药粉装量差异,要求储药室内药粉高度一致,其结构如图4.30所示。

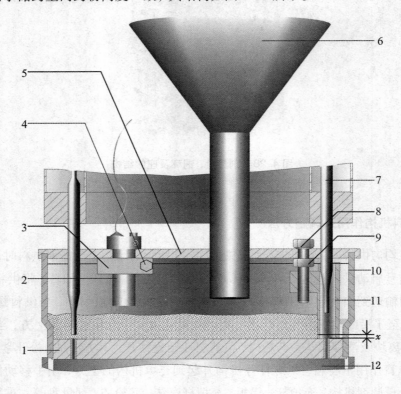

图4.30 储药室药量控制机构

1—剂量盘;2—供料传感器;3—传感器座;4—夹紧螺钉;5—盖板;6—药粉料斗;
7—充填杆;8—调节螺杆;9—锁紧螺母;10—盛粉环;11—隔离块;12—铜环

由图4.30可知,由药粉料斗6通过供料螺杆输送到储药室内的药粉的量由供料传感器2控制。供料传感器2为接近开关,通过传感器座3固定在盖板5上。传感器的高低位置可调,传感器位置的高或低决定储药室内药粉的高低,其作用是控制储药室内药粉的高度。根据胶囊的规格和药粉的流动性,适当调整传感器的高度可获得精确的充填药量。调整方法是:松开传感器座3上的夹紧螺钉4,就可以上下调整传感器的高度,调好高度后拧紧夹紧螺钉4即可,一般传感器与药粉的传感距离为2~8mm。当储药室内药粉高度小于下限时,供料传感器2发出信号启动供料电机供料;当储药室内药粉高度超过上限值时,供料传感器2发出信号关闭供料电机供料。

隔离块11影响药粉装量差异,隔离块11的高低位置可调。每次更换剂量盘1后,都要调整隔离块11与剂量盘1之间的间隙x,一般x控制在0.05~0.1mm最好。调整方法是:先松开盖板5锁紧螺母9,转动调节螺杆8,可使隔离块升降,用塞尺测定间隙x合适后紧固锁紧螺母9即可。

4.5.3　装量调节机构结构及调整方法

（1）剂量盘与铜环间隙的微调机构

铜环下面的座体上分布若干个螺柱，螺柱一端顶在铜环面上凹槽内，另一端旋合在座体上对应的螺孔内。常用的铜环与剂量盘间隙调整方法有两种：一种是三点调整方法，适用于三个螺柱支撑的铜环，另一种是五点调整方法，适用于五个螺柱支撑的铜环。需要调整剂量盘和铜环间隙时，旋转每个螺栓，使间隙达到理想值再将螺栓锁紧，如图4.31 所示。

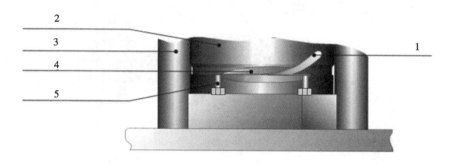

图 4.31　铜环与剂量盘间隙调整示意图

1—塞尺；2—盛粉环；3—立柱；4—剂量盘；5—调整螺柱

如图 4.31 所示，需要调整剂量盘和铜环间隙时，解开锁紧螺母，旋转各调整螺柱 5，将塞尺塞进剂量盘与铜环间隙，保证间隙为 0.03 ~ 0.08mm，当间隙达到理想值再将螺栓锁紧。

药粉颗粒大时，间隙可调大些，间隙小会增加剂量盘与铜环之间的阻力，机器在转动中如发现漏药粉过多或阻力过大时，需要调整剂量盘与铜环之间的间隙，调节间隙的具体方法是：先松开固定螺钉，逆时针旋转调节旋钮，使铜环下降大一点，然后再顺时针旋转调节旋钮，使铜环升高，用塞尺定好铜环与剂量盘间隙后，锁紧固定螺钉即可，如果铜环调高了，只能逆时针转动旋钮使铜环降大些，再顺时针转动旋钮调高，也就不能由高向低调节定位。旋钮上有 10 个刻度格，每旋转一个刻度格，铜环上升约 0.08mm。

（2）充填杆微调机构

① 充填杆微调机构组成。充填杆高度微调机构由夹持体、压紧旋钮、下压板、调节螺杆、导柱、充填杆、充填杆座、上压板、调节旋钮、压板等组成，零件图模型如图 4.32 所示。

充填杆微调机构共有五组，每组均由图 4.32 的零件组成，每组可以分别调整。柱塞式计量充填装置是依靠每组不同高度的充填杆对计量盘上的药粉进行多次压实来达到充填精度的要求。

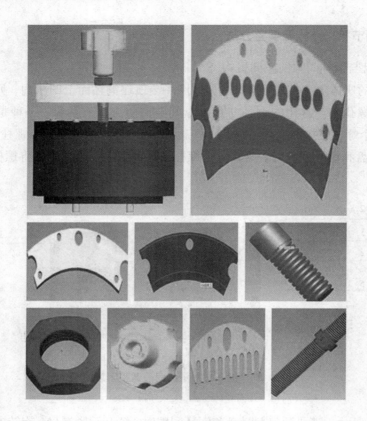

图 4.32　充填杆微调机构零件模型

② 充填杆微调机构。将图 4.32 的零件模型装配成充填微调机构如图 4.33、图 4.34 所示。

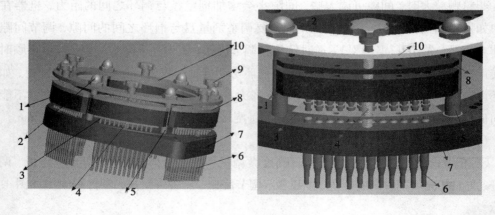

图 4.33　充填杆微调机构

1—夹持体；2—压紧旋钮；3—下压板；4—调节螺杆；5—导柱；
6—充填杆；7—充填杆座；8—上压板；9—调节旋钮；10—压板

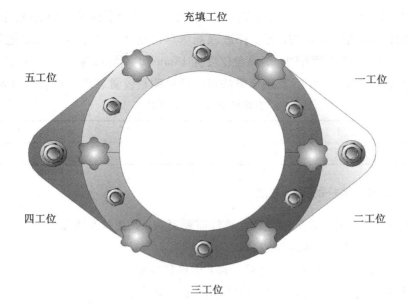

图 4.34　充填机构六工位分布图

充填杆高度微调机构如图 4.35 所示。

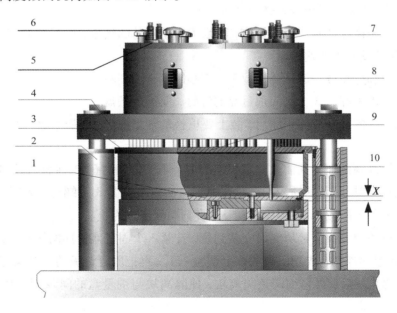

图 4.35　充填杆高度微调机构

1—剂量盘；2—立柱；3—盛粉环；4—充填杆座；5—锁紧螺母；6—调整螺栓；
7—压紧旋钮；8—标尺；9—盖板；10—充填杆；X—充填杆进入剂量盘深度

由图 4.34、图 4.35 可以看出：调整充填杆的高度可以改变充填药柱的密度和装药量，充填杆高度调得合适可以得到精确的装药量。充填杆高度调整方法是：用手转动主电机手轮，使充填杆座 4 下降到最低位置，然后松开锁紧螺母 5，转动调整螺栓 6，使充填杆 10 的下端面与剂量盘 1 上表面在同一平面上，此时记下标尺 8 刻度值，然后按不同工位将充填杆高度值往下调整，充填杆进入剂量盘深度 X 参考表 4.6 数值进行调整（以充填 1#胶囊的标准剂量盘为例，剂量盘厚度为 18mm），不宜过深。调整好后，将下压板和夹持体通过螺栓将其固定。利用该方法可以微量调整胶囊装量以及装量差异。

表 4.6   充填杆进入剂量盘深度   mm

工位	1	2	3	4	5
X 值	9	5	3	2	0.5

4.5.4　剂量盘与充填杆的更换方法

当需更换胶囊型号时，剂量盘及充填杆需要更换，其更换步骤如下：

① 升起药粉料斗，并转向外侧。

② 用吸尘器吸去储药室内的药粉，取下供料传感器。

③ 用手扳动主电机手轮，使充填杆座运行到最高位置。

④ 松开、拧下压板旋钮，将压板、夹持器体和充填杆向上提起拿下。

⑤ 将夹持器体下面带长槽的小压板螺钉拧下，拿下小压板并取出充填杆，把更换的充填杆装上后，压上小压板拧紧螺钉即可。

⑥ 拧下盖板两端的 4 个紧固螺钉，再取下盛粉环外的挡板，松开盛粉环的 3 个紧固螺钉，将盛粉环慢慢提离剂量盘。

⑦ 将盖板和盛粉环一起从侧面取下，不必卸掉充填杆座。

⑧ 用专用扳手卸下 3 个紧固剂量盘的螺钉，取下剂量盘。

⑨ 将托座内的药粉清除干净后，装上要更换的剂量盘，3 个紧固螺钉装上后不要拧紧。

⑩ 把剂量盘调试杆分别插入充填杆座的多个不同位置的孔中，此时要仔细适量地转动剂量盘，使调试杆顺利地插入剂量盘孔中。然后轮换拧紧 3 个螺钉，紧固后如果调试杆不能顺利通过剂量盘孔，还要重新调整，直到顺利通过为止。

⑪ 将盛粉环和盖板一起从侧面安装到位，拧紧 3 个固定盛粉环的螺钉，如果更换的剂量盘比原剂量盘厚时，先把隔离块往上调整一下，再把固定盖板的 4 个螺钉拧紧。

⑫ 盖板固定好后，再仔细调整隔离块，使隔离块与剂量盘的间隙为 0.05 ~ 0.1mm，然后拧紧锁紧螺母。

⑬ 按原位将充填杆和夹持器体及压板装上，再把旋钮装上拧紧即可。

当每次更换完整套模具后，都必须对机器作适当的调整和检查。先用手转动主电机手轮，使机器运转 1~2 个循环，如果感到有异常阻力，就马上停止转动，找出故障并排除，直到正常为止。

目前，国内外所使用的柱塞式充填机剂量盘侧孔分度位置划线工艺普遍存在精度达不到要求的问题，这是由于加工技术水平以及所采用的划线方法所致。剂量盘在使用过程中，需要与盛粉环配合使用，正常情况下，盛粉环不需要更换，当药粉剂量发生变化以及胶囊型号发生变化时，就需要更换剂量盘，而新加工的剂量盘需要保证与盛粉环的正确安装，因此，必须保证剂量盘侧孔位置分度准确。普通的划线方法很难保证侧孔位置的划线精度。为了解决上述存在的技术问题，发明了一种划线精度高的剂量盘侧孔分度胎具，如图 4.36 所示[15-19]。

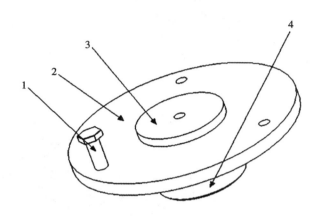

图 4.36　剂量盘侧孔分度胎具
1—固定螺钉；2—胎具体；3—导向柱；4—固定柱

由图 4.36 可知：使用时，将剂量盘放入胎具体 2 上，导向柱 3 与剂量盘中心的沉孔配合，使胎具回转中心与剂量盘中心一致，将剂量盘的 3 个孔与胎具对应的 3 个螺孔对齐，通过螺钉 1 将剂量盘与胎具体紧固在一起，然后将胎具整体安装到旋转分度头上，分度头的三爪卡盘夹紧胎具固定柱 4，通过旋转分度头，便可准确确定剂量盘侧孔的位置，保证了侧孔位置的划线精度。

控制装量精度的充填杆在加工过程中，普遍存在精度达不到要求的问题，这是由于车床的加工精度以及加工方法所致。充填杆在使用过程中，需要与剂量盘配合使用。充填杆间歇往复直线运动，剂量盘间歇回转。当剂量盘旋转到特定位置间歇时，要求充填杆能准确插入剂量盘孔眼中实现药粉充填作用，因此要求充填杆的导向部分和充填部分的同轴度精度很高，普通的加工方法很难保证充填杆的同轴度，为此发明了一种保证充填杆加工精度的胎具，如图 4.37 所示。

图 4.37(a)为充填杆胎具外部结构图，图 4.37(b)为充填杆胎具内部结构图。精加工充填杆 1 时，将充填杆胎具体 4 放入车床的锥形套中，利用锥形套和充填杆胎具体的夹紧套 2 的锥形结构形成配合，保证胎具回转轴与车床主轴回转中心同轴性。夹紧套前段圆周间隔 120°位置分别设有 3 道伸缩缝，以便充填杆放入胎具体中能起到紧固作用，通过销轴将充填杆的轴向定位。通过夹紧套前段的弹性变形，保证在夹紧过程中，充填杆表面不受破坏，同时保证充填杆的回转中心与车床的回转中心的同轴度。本方法广泛应用于充填杆加工，可以解决国内充填杆加工精度低、效率低问题。

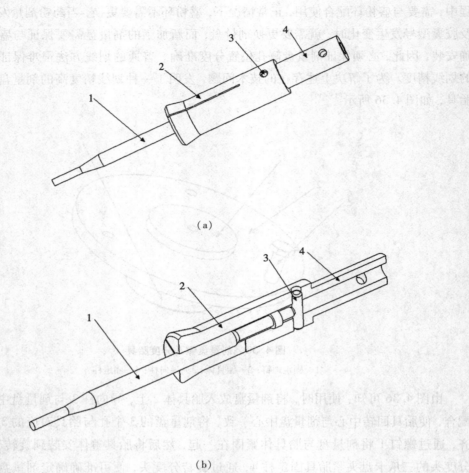

（a）

（b）

图 4.37　充填杆胎具
1—充填杆；2—夹紧套；3—销轴；4—胎具体

柱塞式胶囊充填机在更换模具型号以及改变药粉剂量时，药粉装量需要通过微调来进行调整，由于药粉装量微调机构经常充塞一定量的药粉，使得旋转旋钮难度大。目前，国内外采用旋钮方式进行调整，由于旋钮旋转半径因空间限制不宜过大，导致旋转费力。为此采用微调把手，微调把手与药粉装量微调机构的螺旋机构转动连接。如图 4.38 所示。

如图 4.38 中，使用时，将微调把手转动杆 1 的方形孔 3 套在方形柱 4 上，旋转手柄 2 即可以调节充填杆相对剂量盘的高度。通过旋转微调把手带动药粉装量螺柱的旋转，实现药粉装量的微调功能，保证微调时省时省力。

定位锥销在设备关键零部件安装过程中起着重要作用，尤其是在调试、维修中经常需要拔出锥型定位销。普遍采用的方法是将相应的螺栓或螺钉旋进锥形定位销的螺孔中，借助杠杆或其他工具将锥型销拔出，经常导致因破坏了锥销的螺纹而无法将锥型销拔出以及销子不能重复使用，给安装、调试以及维修工作带来麻烦。为此发明一种用于

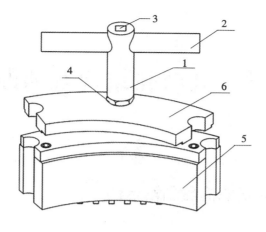

图 4.38 微调把手结构

1—转动杆；2—手柄；3—方形孔；4—方形柱；5—微调机构；6—螺旋机构

拔出锥销的拔销器，如图 4.39 所示。

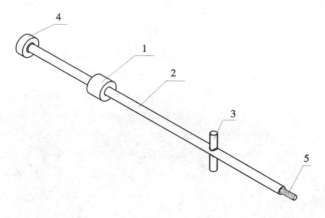

图 4.39 拔销器结构

1—活动块；2—拔销杆；3—把手；4—固定块；5—螺纹头

如图 4.39 所示，拔销器的拔销杆 2 一端设有螺纹 5，另一端为固定块 4，拔销杆 2 外套装活动块 1，拔销杆 2 上设有把手 3 方便旋转和把持。使用时，将螺纹头 5 放入锥型销的螺纹孔中，通过把手 3 旋转拔销杆 2，使得螺纹头 5 旋入锥型销的螺孔中，手动活动块 1 使得活动块反复撞击固定块 4，将锥型销从设备中拔出。提高拔出锥销的效率，并保证锥销被拔出后不受损坏。

第5章 盘凸轮结构及曲线优化

5.1 柱塞式胶囊充填机盘凸轮结构

5.1.1 盘凸轮作用与工作原理

（1）盘凸轮作用

盘凸轮是柱塞式胶囊充填机的核心部件，依靠其轨道精准控制上模块、下模块运动。在胶囊的生产过程中，转塔沿盘凸轮轨道回转一周分别完成选囊、分囊、充填、剔废、合囊、出囊、清洁功能，轨道曲线是否最优，决定柱塞式胶囊充填机的装量差异高低、充填效率高低、设备运行的振动及噪音大小。盘凸轮的结构如图5.1所示。

图5.1 盘凸轮结构

1—模块轴向升降沿；2—模块径向伸缩槽；3—安全架；4—固定螺孔

由图5.1的盘凸轮结构在安装时，通过4个固定螺孔4将盘凸轮固定在工作台板上，调整好盘凸轮曲线相对六工位剂量盘运转的角度后，利用锥销将盘凸轮定位在工作台板上并锁紧固定螺母。模块轴向升降沿1控制上模块在随间歇机构做间歇转动的同时做升降运动，模块径向收缩槽2控制下模块做径向伸缩运动，安全架3保证下模块在到达充填工位之前由高位置下降低位置，防止下模块撞击剂量盘座。模块、成型滑架等装置安装在转塔上，转塔由螺栓固定在十工位（或十二工位）间歇机构轴头法兰上，间歇机构带动转塔机构做间歇回转运动。

（2）盘凸轮工作原理

目前应用中的柱塞充填机的盘凸轮均为固定件，在实际设计盘凸轮结构过程中，把盘凸轮视为主动件，而把上下模块视为从动件。胶囊充填机的转塔回转机构中具有送囊、分囊、充填、剔废、合囊、出囊、清理等重要的工位，通过盘凸轮的边缘轮廓和盘内沟槽轮廓与滑块总成相互配合实现，其工作原理如图 5.2 所示。

图 5.2 盘凸轮工作原理

1—滚动轴承（控制模块径向运动）；2—螺钉；3—滑块；4—直线轴承；5—上横轴；6—竖轴；
7—滑座；8—T 型轴；9—滚动轴承（控制模块轴向升降）；10—下横轴；11—盘凸轮

如图 5.2 所示，滑架总成通过滑座 7 固定于转塔上，转塔在十工位（或十二工位）间歇机构传动下做间歇转动，带动滑块总成沿着盘凸轮轨道回转。滚动轴承 1 使滑块 3 在盘凸轮沟槽内滚动，使 T 型轴 8 做径向伸缩运动，T 型轴 8 另一端安装下模块。上横轴 5 和下横轴 10 是滑块径向移动的导杆，滚动轴承 9 与盘凸轮外沿接触，随外沿高低位置而变化，带动上模块做轴向移动，竖轴 6 固定于转塔上，滑块总成沿着竖轴带动上模块升降运动。调整好下模块的位置和角度后，锁紧螺钉 2，固定 T 型轴角度和位置。

盘凸轮轮廓曲线决定着上模块、下模块运动轨迹是否合理，其轮廓曲线将决定着胶囊装量差异、生产效率、设备使用寿命、设备运转的噪声及振动等，因此，设计盘凸轮轮廓曲线及其结构，改善其动力学特性是提高柱塞式胶囊充填机运动性能的关键技术之一。

5.1.2 盘凸轮从动件运动规律

（1）盘凸轮模型

根据柱塞式胶囊充填机模块各工位的位置要求，保证各工位之间轮廓线光滑，使工作时轴承运动平滑，减少冲击和振动，基于图5.1，利用Pro/E建立盘凸轮的模型如图5.3所示。

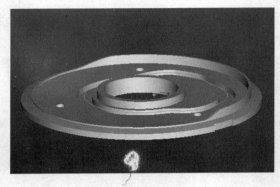

图5.3 盘凸轮模型

由图5.2知，控制下模块径向伸缩运动的滚动轴承安装在盘凸轮的槽内，随着转塔机构的转动，下模块也随之运动，同时受到槽轮廓的限制，迫使下模块在旋转的同时做径向的运动，如图5.4（a）所示；上模块的滚动轴承与盘凸轮的边缘始终接触，随着机构的旋转，上模块也随之旋转，同时由于边缘的形状限制，使得上模块在盘凸轮轴向方向上做升降运动，如图5.4（b）所示[20]。

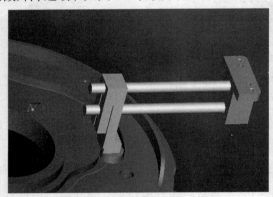　

（a）　　　　　　　　　　　　　　（b）

图5.4 盘凸轮与滑架之间的运动关系

（2）从动件（下模块）运动规律的分析

盘凸轮曲线优化的思路就是找出盘凸轮从动件的推程、回程以及休止的区间和范围，在满足各个工位位置不变的基础上重新设计，然后优化对比，找出最佳的凸轮曲线形状。首先需要对优化前的盘凸轮进行分析，从动件的位移曲线如图5.5所示。

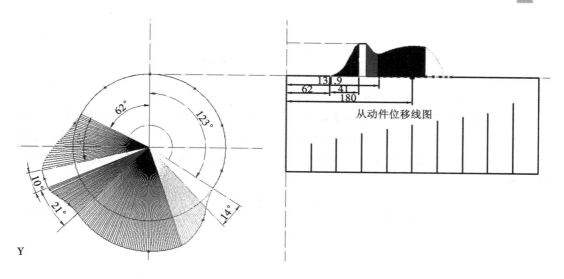

图 5.5　盘凸轮曲线与从动件的位移曲线

如图 5.5 所示，给定盘凸轮廓线基本参数为：槽宽 14mm，凸轮外径 394mm，滚子直径 30mm，中心孔直径 142mm，基圆半径 109mm。从动件的位移随角度变化的关系如表5.1 所示。

表 5.1　　　　　　　　　　　　　　　　**从动件的运动规律**

段数	角度变化/(°)	对应弧度的变化/rad	对应位移的变化/mm
1	0 ~ 62	0 ~ 1.0820	0 ~ 0
2	62 ~ 103	1.0820 ~ 1.7980	0 ~ 48
3	103 ~ 113	1.7980 ~ 1.9722	48 ~ 48
4	113 ~ 131.2	1.9722 ~ 2.2900	48 ~ 32.47
5	131.2 ~ 180	2.2900 ~ 3.1416	32.47 ~ 44.79
6	180 ~ 237	3.1416 ~ 4.1364	44.79 ~ 0
7	237 ~ 360	4.1364 ~ 2π	0 ~ 0

由表 5.1 可以看出，从动件的运动规律共有 7 段，其中休止期为 3 段，分别为 1、3、7 段，在这 3 段中，下模块在径向上不发生位移；第 2 段位移上升，为推程；第 4 段位移下降，为回程；第 5 段位移上升，为推程；第 6 段位移下降至 0，为回程；从下模块运动规律中可以看出，下模块导轨曲线的推程和回程不对称，且一个周期中有多个推程、回程、休止，形状比较复杂。从动件的位移图是坐标点光滑连接生成，通过各段内的坐标点绘制出的曲线可以方便与优化后的曲线作对比。

（3）从动件运动位移曲线方程的求解

为便于分析和求解，将从动件的位移表示为

$$S = f(\varphi) \qquad\qquad (5.1)$$

式中，φ ——凸轮转角，rad。

凸轮以等角速回转，式（5.1）转化为

$$S = g(t)$$
$$\varphi = \omega t$$

$$(5.2)$$

式中，t——凸轮回转 φ 角时的时间，s；

ω——凸轮的角速度，rad/s。

通常，描述凸轮升降位移的基本曲线可以分为两类：一类为简单的多项式曲线，如直线曲线、等加速等减速曲线、第一号立方曲线、第二号立方曲线和五次多项式等；另一类为三角函数曲线，如余弦加速度曲线、正弦加速度曲线、双谐曲线等。表 5.2 列出凸轮从动件位移曲线的运动规律。

表 5.2   凸轮从动件位移曲线

推程从动件 位移示意图	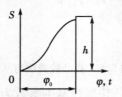	
运动规律的 曲线	推程运动方程式	回程运动方程式
余弦曲线	$S = \dfrac{h}{2}\left(1 - \cos\dfrac{\pi\varphi}{\varphi_0}\right)$	$S = \dfrac{h}{2}\left(1 + \cos\dfrac{\pi\varphi}{\varphi_0}\right)$
正弦曲线	$S = h\left(\dfrac{\varphi}{\varphi_0} - \dfrac{1}{2\pi}\sin\dfrac{2\pi\varphi}{\varphi_0}\right)$	$S = h\left(1 - \dfrac{\varphi}{\varphi_0} + \dfrac{1}{2\pi}\sin\dfrac{2\pi\varphi}{\varphi_0}\right)$
五次多项式 曲线	$S = \dfrac{h}{3}\left[20\left(\dfrac{\varphi}{\varphi_0}\right)^3 - 25\left(\dfrac{\varphi}{\varphi_0}\right)^4 + 8\left(\dfrac{\varphi}{\varphi_0}\right)^5\right]$	$S = h\left[1 - \dfrac{10}{3}\left(\dfrac{\varphi}{\varphi_0}\right)^2 + 5\left(\dfrac{\varphi}{\varphi_0}\right)^4 - \dfrac{8}{3}\left(\dfrac{\varphi}{\varphi_0}\right)^5\right]$
第二号立方 曲线	$S = h\left(\dfrac{\varphi}{\varphi_0}\right)^2\left(3 - \dfrac{2\varphi}{\varphi_0}\right)$	需要推导
双谐曲线	$S = \dfrac{h}{2}\left[\left(1 - \cos\dfrac{\pi\varphi}{\varphi_0}\right) - \dfrac{1}{4}\left(1 - \cos\dfrac{2\pi\varphi}{\varphi_0}\right)\right]$	需要推导

表 5.2 表示的曲线各有特点，适用于不同转速、不同载荷的情况。由于位移从动件的推、回程的段数较多，曲线的速度、加速度，特别是连接点处的速度、加速度很难直观地判断，因此采用罗列的方式，即把从动件位移的每一段中常用的基本曲线方程都找出来，然后求解速度和加速度，从中选出最优曲线。由于下模块是通过滚动轴承在槽内做滚动而实现径向移动，采用简单曲线会明显发生"陡振"现象，且曲线的末端由于速度瞬时的变化会产生较大的加速度，所以排除此种曲线；第一号立方曲线为两段曲线拼接而成的曲线，由于所使用的函数特性，导致了第一号立方曲线在加速度曲线的中点上有不良的无限斜率特征，且所需的加速度和速度大，鉴于此曲线的缺点，采用三角函数曲线较多项式为优，三角函数可获得平滑的运动，易于设计，造价低廉，且振动、磨损、应力、噪声及扭矩都小。因此，在多项式曲线中选取第二号立方曲线和五次多项式曲线；

三角函数类选取余弦加速度曲线、双谐加速度曲线、正弦加速度，将每段内用这几个函数曲线进行设计，然后计算出速度、加速度，通过把同一区间段内所有速度、加速度的罗列对比，就可以找到优化后凸轮曲线。下面就各段进行函数曲线方程的求解。

5.2　盘凸轮曲线求解

5.2.1　休止段曲线求解

（1）第一段内曲线求解

由图 5.5 从动件的运动规律可以看出，第一段内位移始终为零，其位移方程为

$$y = 0 \times \varphi \qquad 0 < \varphi \leqslant 1.082 \tag{5.3}$$

（2）第三段内曲线求解

在第三段内，从动件位移的远休止段内，角度从 62° 到 103°，对应的弧度变化为 1.7980 ~ 1.9722，位移一直处于 48mm 保持不变，所以可以直接得到第三段内的函数方程式为

$$y = 48 + 0 \times \varphi \qquad 1.798 < \varphi < 1.9722 \tag{5.4}$$

（3）第七段内曲线求解

第七段内，凸轮由 237° 转到 360°，对应的弧度变化为 $4.1364 < \varphi \leqslant 2\pi$，位移又回归为零，所以此段内的位移方程为

$$y = 0 \times \varphi \qquad 4.1364 < \varphi \leqslant 2\pi \tag{5.5}$$

由于此段内的 M 文件编程和生成的图形较为简单，因此在此处不再给出。

5.2.2　第二段内推程曲线求解

在第二段内推程，凸轮由 62° 转到 103° 即 $1.082 < \varphi \leqslant 1.798$ 的同时，从动件的位移由 0 变为 48，表 5.2 给出的函数方程式都是在坐标原点下求得的，在求各段方程的时候需要对现有的方程式进行平移变换才能得到想要的函数方程。由图 5.5 中可以看出，只需要将 $S = f(\varphi)$ 平移一个向量 $\vec{a}$，$\vec{a} = (0, 1.082)$ 即可得到推程段的函数方程。

（1）余弦曲线

设定参数：$h = 48$，$\varphi_0 = 1.798 - 1.082 = 0.716$，得到从动件位移

$$S = \frac{h}{2}\left(1 - \cos\frac{\pi\varphi}{\varphi_0}\right) = \frac{48}{2}\left(1 - \cos\frac{\pi\varphi}{0.716}\right) \qquad 1.082 < \varphi \leqslant 1.798 \tag{5.6}$$

$y = S \rightarrow$ 平移 $\vec{a} = (0, 1.082)$，得

$$y = 24\left[1 - \cos\frac{\pi}{0.716}(\varphi - 1.082)\right] \qquad 1.082 < \varphi \leqslant 1.798 \tag{5.7}$$

MATLAB 可以和其他形式的高级语言一样采用编程的方式。利用 MATLAB 求出函

数的曲线,将生成的曲线与原有的曲线进行对比。通过对从动件位移运动方程式的计算,然后利用 MATLAB 显示函数对应的曲线。保存文件的扩展名为 .m,称为 M 文件,在 M 文件中编写函数的程序以及生成的曲线如图 5.6 所示。

 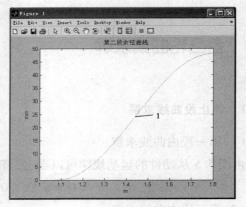

图 5.6 推程余弦曲线的 M 文件及生成的曲线图形

为了便于区分曲线的类别,把同一类型的曲线(包括位移、速度、加速度)用数字标号代替,具体如下:余弦曲线用 1,正弦曲线用 2,第二号立方曲线用 3,多项式曲线用 4,双谐用 5。

(2)正弦曲线

$$S = h\left(\frac{\varphi}{\varphi_0} - \frac{1}{2\pi}\sin\frac{2\pi\varphi}{\varphi_0}\right) = 48\left(\frac{\varphi}{0.716} - \frac{1}{2\pi}\sin\frac{2\pi\varphi}{0.716}\right) \quad 1.082 < \varphi \leqslant 1.798 \quad (5.8)$$

与(1)一样,$y = S \rightarrow$ 平移 $\vec{a} = (0, 1.082)$,得

$$y = \frac{48}{0.716}(\varphi - 1.082) - \frac{48}{2\pi}\sin\frac{2\pi}{0.716}(\varphi - 1.082) \quad 1.082 < \varphi \leqslant 1.798$$

$$(5.9)$$

同样,在 MATLAB 中编写 M 文件,求解的函数方程曲线如图 5.7 所示。

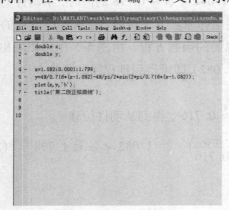 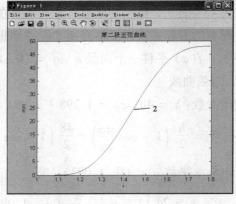

图 5.7 推程正弦曲线的 M 文件以及生成的曲线图形

（3）多项式曲线

$$S = \frac{h}{3}\left[20\left(\frac{\varphi}{\varphi_0}\right)^3 - 25\left(\frac{\varphi}{\varphi_0}\right)^4 + 8\left(\frac{\varphi}{\varphi_0}\right)^5 \right]$$

$$= \frac{48 \times 20}{3}\left(\frac{\varphi}{0.716}\right)^3 - \frac{48 \times 25}{3}\left(\frac{\varphi}{0.716}\right)^4 + \frac{48 \times 8}{3}\left(\frac{\varphi}{0.716}\right)^5$$

$$= 320\left(\frac{\varphi}{0.716}\right)^3 - 400\left(\frac{\varphi}{0.716}\right)^4 + 128\left(\frac{\varphi}{0.716}\right)^5 \qquad 1.082 < \varphi < 1.798$$

$$(5.10)$$

与（1）一样，$y = S \rightarrow$ 平移 $\vec{a} = (0, 1.082)$，得

$$S = 320\left(\frac{\varphi - 1.082}{0.716}\right)^3 - 400\left(\frac{\varphi - 1.082}{0.716}\right)^4 + 128\left(\frac{\varphi - 1.082}{0.716}\right)^5 \qquad 1.082 < \varphi < 1.798$$

$$(5.11)$$

同样，在 MATLAB 中编写 M 文件函数，其结果如图 5.8 所示。

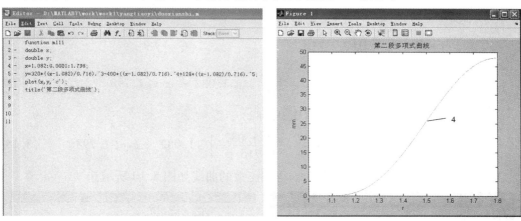

图 5.8　推程多项式曲线的 M 文件以及生成的曲线图形

（4）双谐曲线

$$S = \frac{h}{2}\left[\left(1 - \cos\frac{\pi\varphi}{\varphi_0}\right) - \frac{1}{4}\left(1 - \cos\frac{2\pi\varphi}{\varphi_0}\right) \right]$$

$$(5.12)$$

$$= 18 - 24\cos\left(\frac{\pi\varphi}{0.716}\right) + 6\cos\left(\frac{2\pi\varphi}{0.716}\right) \qquad 1.082 < \varphi \leq 1.798$$

与（1）一样，$y = S \rightarrow$ 平移 $\vec{a} = (0, 1.082)$，得

$$y = 18 - 24\cos\frac{\pi}{0.716}(\varphi - 1.082) + 6\cos\frac{2\pi}{0.716}(\varphi - 1.082) \qquad 1.082 < \varphi \leq 1.798$$

$$(5.13)$$

同样，在 MATLAB 中编写 M 文件，得到曲线如图 5.9 所示。

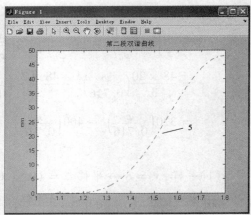

图 5.9　推程双谐曲线的 M 文件以及生成的曲线图形

（5）第二号立方曲线

$$S = h\left(\frac{\varphi}{\varphi_0}\right)^2\left(3 - \frac{2\varphi}{\varphi_0}\right)$$

$$= 48\left(\frac{\varphi}{0.716}\right)^2\left(3 - \frac{2\varphi}{0.716}\right) \qquad 1.082 < \varphi \leqslant 1.798 \qquad (5.14)$$

与（1）一样，$y = S \to$ 平移 $\vec{a} = (0, 1.082)$，得

$$y = 48\left(\frac{\varphi - 1.082}{\varphi_0}\right)^2\left[3 - \frac{2(\varphi - 1.082)}{0.716}\right] \quad 1.082 < \varphi \leqslant 1.798 \qquad (5.15)$$

同样，在 MATLAB 中编写 M 文件，得到函数的曲线如图 5.10 所示。

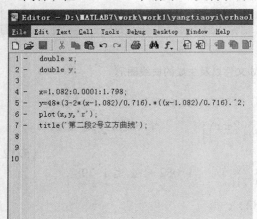
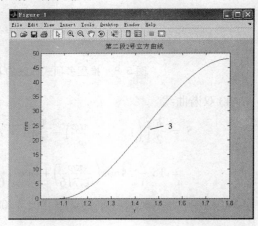

图 5.10　推程第 2 号立方曲线的 M 文件以及生成的曲线图形

至此，第二段推程内所有的曲线都显示出来，便可比较其位移变化规律。如图 5.11 所示。

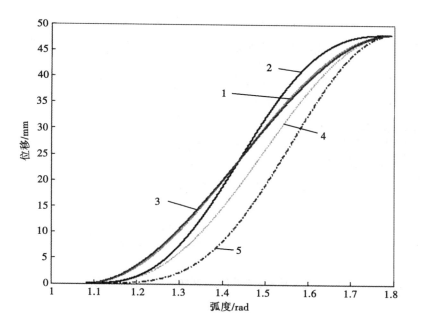

图 5.11　推程所有从动件位移曲线的图形

5.2.3　第四段回程曲线求解

在第四段回程段内，凸轮由 113° 转到 131.2°，对应的弧度变化为 $1.9722 < \varphi \leqslant 2.290$，从动件的位移由 48 变为 32.47，求得 $h = 48 - 32.47 = 15.53$，$\varphi_0 = 2.290 - 1.972 = 0.318$，因为回程的公式是在坐标原点为盘凸轮回转中心的情况下求出的，因此，在代入公式之前，首先还需要求出函数之间的转化关系。

由图 5.5 中可以看出，需要让 $S = f(\varphi)$ 平移一个向量 $\vec{a}$，$\vec{a} = (1.9722, 32.47)$，即可得到回程的函数方程式 $y = f(\varphi)$。下面就回程段进行从动件位移运动方程式的求解，而对于第二号立方曲线和双谐曲线没有回程的公式需单独推导。

（1）余弦曲线

$$
\begin{aligned}
S &= \frac{h}{2}\left(1 + \cos\frac{\pi\varphi}{\varphi_0}\right) \\
&= \frac{15.53}{2}\left(1 + \cos\frac{\pi\varphi}{0.318}\right) \quad 1.9722 < \varphi \leqslant 2.290 \\
&= 7.765\left(1 + \cos\frac{\pi\varphi}{0.318}\right)
\end{aligned}
\tag{5.16}
$$

$y = S \rightarrow$ 平移 $\vec{a} = (1.9722, 32.47)$，得

$$
y - 32.47 = 7.765\left[1 + \cos\frac{\pi}{0.318}(\varphi - 1.9722)\right]
$$

$$
1.9722 < \varphi \leqslant 2.290
$$

$$
y = 40.235 + 7.765\cos\frac{\pi}{0.318}(\varphi - 1.9722)
$$

$$
\tag{5.17}
$$

在 MATLAB 中编写 M 文件，得到函数的曲线如图 5.12 所示。

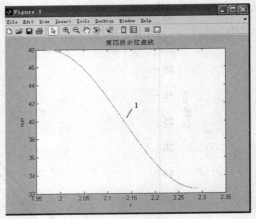

图 5.12　回程余弦曲线的 M 文件以及生成的曲线图形

（2）正弦曲线

$$S = h\left(1 - \frac{\varphi}{\varphi_0} + \frac{1}{2\pi}\sin\frac{2\pi\varphi}{\varphi_0}\right)$$

$$= 15.53 - \frac{15.53}{0.318}\varphi + \frac{15.53}{2\pi}\sin\frac{2\pi\varphi}{0.318} \qquad 1.9722 < \varphi \leqslant 2.290 \qquad (5.18)$$

$y = S \rightarrow$ 平移 $\vec{a} = (1.9722, 32.47)$ ，得

$$y = 48 - \frac{15.53}{0.318}(\varphi - 1.9722) + \frac{15.53}{2\pi}\sin\frac{2\pi}{0.318}(\varphi - 1.9722) \quad 1.9722 < \varphi \leqslant 2.290$$

$$(5.19)$$

在 MATLAB 中编写 M 文件，得函数曲线如图 5.13 所示。

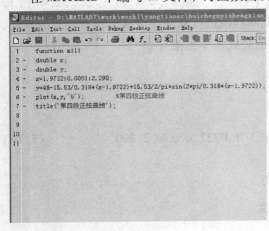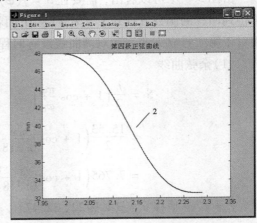

图 5.13　回程正弦曲线的 M 文件以及生成的曲线图形

（3）第二号立方曲线

由于只有第二号立方曲线的推程方程式，因此需要推导出此曲线的回程方程式。推

程的方程式为 $S = f(\varphi)$。首先将推程的方程式进行变换，即关于 x 轴对称变换，得到 $S_1 = -f(\varphi)$，然后，再将变换过的方程式 S_1 移动一个向量 $\vec{a}$ 即可。针对回程段，由推程的方程式

$$S = h\left(\frac{\varphi}{\varphi_0}\right)^2\left(3 - \frac{2\varphi}{\varphi_0}\right)$$

得到

$$S_1 = -h\left(\frac{\varphi}{\varphi_0}\right)^2\left(3 - \frac{2\varphi}{\varphi_0}\right) = -15.53\left(\frac{\varphi}{0.318}\right)^2\left(3 - \frac{2\varphi}{0.318}\right) \qquad 1.9722 < \varphi \leqslant 2.290$$

$$(5.20)$$

移动向量 $\vec{a} = (1.9722, 48)$，$y = S_1 \rightarrow$ 平移 $\vec{a} = (1.9722, 48)$，得

$$y = 48 - 15.53\left(\frac{\varphi - 1.9722}{0.318}\right)^2\left(3 - \frac{2(\varphi - 1.9722)}{0.318}\right) \qquad 1.9722 < \varphi \leqslant 2.290$$

$$(5.21)$$

得到方程(5.21)后，在 MATLAB 中编写 M 文件，得到回程段函数的曲线如图 5.14 所示。

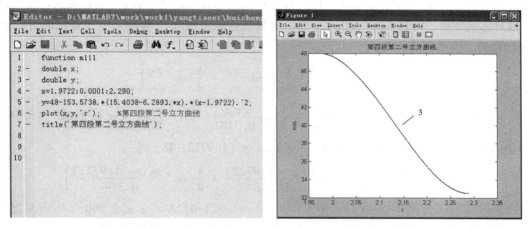

图 5.14　回程第二号立方曲线的 M 文件以及生成的曲线图形

（4）多项式曲线

$$S = h\left[1 - \frac{10}{3}\left(\frac{\varphi}{\varphi_0}\right)^2 + 5\left(\frac{\varphi}{\varphi_0}\right)^4 - \frac{8}{3}\left(\frac{\varphi}{\varphi_0}\right)^5\right]$$

$$S = 15.53\left[1 - \frac{10}{3}\left(\frac{\varphi}{0.138}\right)^2 + 5\left(\frac{\varphi}{0.318}\right)^4 - \frac{8}{3}\left(\frac{\varphi}{0.318}\right)^5\right] \qquad 1.9722 < \varphi \leqslant 2.290$$

$$(5.22)$$

$y = S \rightarrow$ 平移 $\vec{a} = (1.9722, 32.47)$，得

$$y = 32.47 + 15.53\left[1 - \frac{10}{3}\left(\frac{\varphi - 1.9722}{0.318}\right)^2 + 5\left(\frac{\varphi - 1.9722}{0.318}\right)^4 + \frac{8}{3}\left(\frac{\varphi - 1.9722}{0.318}\right)^5\right]$$

$$1.9722 < \varphi \leqslant 2.290 \qquad (5.23)$$

得到方程(5.23)后，在 MATLAB 中编写 M 文件，得函数的曲线如图 5.15 所示。

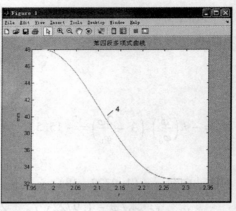

图 5.15　回程多项式曲线的 M 文件以及生成的曲线图形

（5）双谐曲线

与第二号立方曲线一样，只有曲线的推程方程式，因此需要推导出曲线的回程方程式，推导方法与第二号立方曲线一样。首先将推程的方程式 $S = f(\varphi)$ 进行变换，即关于 x 轴对称的变换，得到 $S_1 = -f(\varphi)$，然后将变换过的方程式 S_1 移动一个向量 $\vec{a}$ 即可。针对回程段，由推程的方程式

$$S = -S = -\frac{h}{2}\left(\frac{3}{4} - \cos\frac{\pi\varphi}{\varphi_0} + \frac{1}{4}\cos\frac{2\pi\varphi}{\varphi_0}\right)$$

$$S_1 = -\frac{15.53}{2}\left(\frac{3}{4} - \cos\frac{\pi\varphi}{0.318} + \frac{1}{4}\cos\frac{2\pi\varphi}{0.318}\right) \qquad 1.9722 < \varphi \leqslant 2.290 \quad (5.24)$$

移动向量 $\vec{a} = (1.9722, 48)$，$y = S_1 \rightarrow$ 平移 $\vec{a} = (1.9722, 48)$ 得

$$y = 48 - \frac{15.53}{2}\left[\frac{3}{4} - \cos\frac{\pi(\varphi - 1.9722)}{0.318} + \frac{1}{4}\cos\frac{2\pi(\varphi - 1.9722)}{0.318}\right]$$

$$1.9722 < \varphi \leqslant 2.290 \qquad (5.25)$$

我们在 MATLAB 中编写 M 文件，绘制出函数的曲线如下图 5.16 所示。

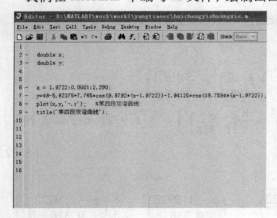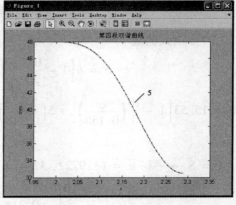

图 5.16　回程双谐曲线的 M 文件以及生成的曲线图形

通过对从动件第四段回程内所有位移曲线的求解，MATLAB 中的曲线如图 5.17 所示。

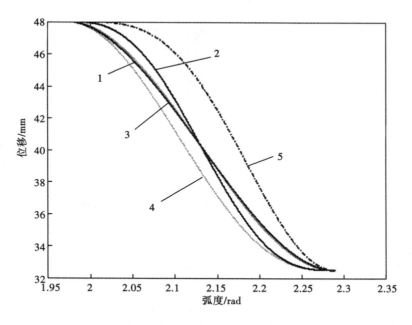

图 5.17　第四段回程所有从动件位移曲线的图形

5.2.4　第五段推程曲线求解

在第五段内推程阶段，凸轮由 131.2°转到 180°，即 $2.290 < \varphi \leqslant 3.1416$，从动件位移由 32.47 变为 44.79，$h = 44.79 - 32.47 = 12.32$，$\varphi_0 = 3.1416 - 2.290 = 0.8516$。同样，求各段方程推程曲线解时需要对现有的方程式进行平移变换才能得到想要的函数方程，在图 5.5 中，将 $S = f(\varphi)$ 平移一个向量 $\vec{a}$，$\vec{a} = (2.290, 32.47)$，即可得到第二段的函数方程式。

（1）余弦曲线

$$S = \frac{h}{2}\left(1 - \cos\frac{\pi\varphi}{\varphi_0}\right) = \frac{12.32}{2}\left(1 - \cos\frac{\pi\varphi}{0.8516}\right) \qquad 2.290 < \varphi \leqslant 3.1416 \quad (5.26)$$

$y = S \rightarrow$ 平移 $\vec{a}(2.290, 32.47)$，得

$$y = 6.16\left[1 - \cos\frac{\pi}{0.8516}(\varphi - 2.290)\right] + 32.47 \qquad 2.290 < \varphi \leqslant 3.1416$$

$$(5.27)$$

在 MATLAB 中编写 M 文件，得到曲线如图 5.18 所示。

（2）正弦曲线

$$S = h\left(\frac{\varphi}{\varphi_0} - \frac{1}{2\pi}\sin\frac{2\pi\varphi}{\varphi_0}\right) = 12.32\left(\frac{\varphi}{0.8516} - \frac{1}{2\pi}\sin\frac{2\pi\varphi}{0.8516}\right)$$

$$2.290 < \varphi \leqslant 3.1416 \qquad (5.28)$$

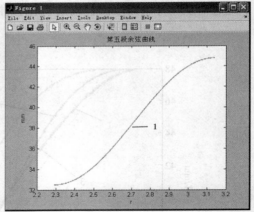

图 5.18　余弦曲线的 M 文件以及生成的曲线图形

$y = S \rightarrow$ 平移 $\vec{a}(2.290, 32.47)$，得

$$y = \frac{12.32}{0.8516}(\varphi - 2.290) - \frac{12.32}{2\pi}\sin\frac{2\pi}{0.8516}(\varphi - 2.290) + 32.47 \quad 2.290 < \varphi \leqslant 3.1416$$

$$(5.29)$$

同样，我们在 MATLAB 中编写 M 文件，得到函数曲线如图 5.19 所示。

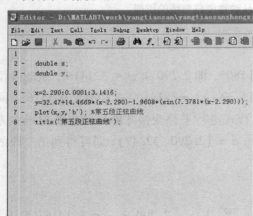
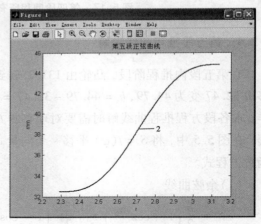

图 5.19　正弦曲线的 M 文件以及生成的曲线图形

（3）多项式曲线

$$S = \frac{h}{3}\left[20\left(\frac{\varphi}{\varphi_0}\right)^3 - 25\left(\frac{\varphi}{\varphi_0}\right)^4 + 8\left(\frac{\varphi}{\varphi_0}\right)^5\right]$$

$$= 82.133\left(\frac{\varphi}{0.8516}\right)^3 - 102.667\left(\frac{\varphi}{0.8516}\right)^4 + 32.853\left(\frac{\varphi}{0.8516}\right)^5 \quad (5.30)$$

$$2.290 < \varphi \leqslant 3.1416$$

$y = S \rightarrow$ 平移 $\vec{a}(2.290, 32.47)$，得

$$S = 82.133\left(\frac{\varphi - 2.290}{0.8516}\right)^3 - 102.667\left(\frac{\varphi - 2.290}{0.8516}\right)^4 + 32.853\left(\frac{\varphi - 2.290}{0.8516}\right)^5 + 32.47$$

$$(5.31)$$

在 MATLAB 中编写 M 文件，绘制函数方程的曲线如图 5.20 所示。

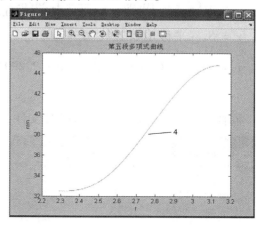

图 5.20　多项式曲线的 M 文件以及生成的曲线图形

（4）第二号立方曲线

$$S = h\left(\frac{\varphi}{\varphi_2}\right)^2\left(3 - \frac{2\varphi}{\varphi_0}\right)$$

$$= 12.32\left(\frac{\varphi}{0.8516}\right)^2\left(3 - \frac{2\varphi}{0.8516}\right) \qquad 2.290 < \varphi \leqslant 3.1416 \qquad (5.32)$$

$y = S \rightarrow 平移\ \vec{a}(2.290, 32.47)$，得

$$y = 12.32\left(\frac{\varphi - 2.290}{\varphi_0}\right)^2\left[3 - \frac{2(\varphi - 2.290)}{0.716}\right] + 32.47 \quad 2.290 < \varphi \leqslant 3.1416$$

$$(5.33)$$

同样，在 MATLAB 中编写 M 文件，得到函数曲线如图 5.21 所示。

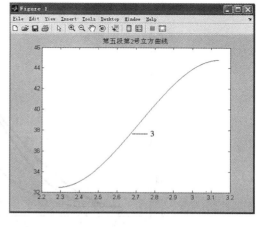

图 5.21　第二号立方曲线的 M 文件以及生成的曲线图形

（5）双谐曲线：

$$S = \frac{h}{2}\left[\left(1 - \cos\frac{\pi\varphi}{\varphi_0}\right) - \frac{1}{4}\left(1 - \cos\frac{2\pi\varphi}{\varphi_0}\right)\right]$$

$$= 4.62 - 6.16\cos\frac{\pi\varphi}{0.8516} + 1.54\cos\frac{2\pi\varphi}{0.8516} \qquad 2.290 < \varphi \leqslant 3.1416 \qquad (5.34)$$

$$y = S \rightarrow 平移\ \vec{a}(2.290, 32.47)，得$$

$$y = 37.09 - 6.16\cos\frac{\pi}{0.8516}(\varphi - 2.290) + 1.54\cos\frac{2\pi}{0.8516}(\varphi - 2.290) \qquad (5.35)$$

$$1.082 < \varphi \leqslant 1.798$$

同样，我们在 MATLAB 中编写 M 文件，得到函数曲线如图 5.22 所示。

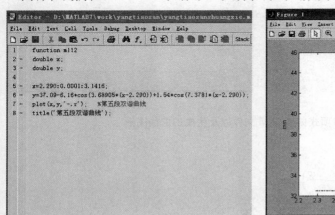
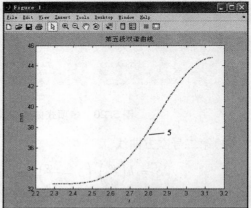

图 5.22　双谐曲线的 M 文件以及生成的曲线图形

求出了第五段内所有的曲线方程后，在 MATLAB 中曲线如图 5.23 所示。

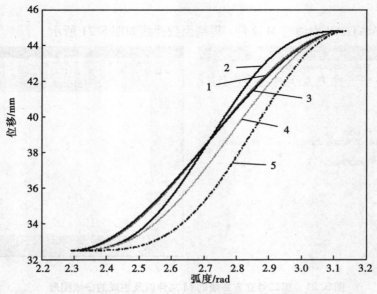

图 5.23　第五段内所有从动件位移曲线的图形

5.2.5　第六段回程曲线求解

第六段内凸轮由 180°转到 237°，对应的弧度变化为 $3.1416 < \varphi \leqslant 4.1364$，从动件的位移由 44.79mm 变为 0，求得 $h = 44.79 - 0 = 44.79(\mathrm{mm})$，$\varphi_0 = 4.1364 - 3.1416 = 0.9948$。首先求出函数之间的转化关系，要让 $S = f(\varphi)$ 平移一个向量 $\vec{a}$，$\vec{a} = (3.1416, 0)$ 可得到第二段的函数方程式 $y = f(\varphi)$。下面就第四段进行从动件位移运动方程式的求解，对于第二号立方曲线和双谐曲线没有回程的公式，仍需单独推导，推导过程与第四段回程的推导方式一样。

（1）余弦曲线

$$S = \frac{h}{2}\left(1 + \cos\frac{\pi\varphi}{\varphi_0}\right) = \frac{44.79}{2}\left(1 + \cos\frac{\pi\varphi}{0.9948}\right) \qquad 3.1416 < \varphi \leqslant 4.1364 \tag{5.36}$$

$$= 22.395\left(1 + \cos\frac{\pi\varphi}{0.9948}\right)$$

$y = S \rightarrow \vec{a}$ 平移$(3.1416, 0)$，得

$$Y = 22.935 + 22.395\cos\frac{\pi}{0.318}(\varphi - 3.1416) \qquad 3.1416 < \varphi \leqslant 4.1364 \tag{5.37}$$

方程求解后，在 MATLAB 中编写 M 文件，得出从动件位移函数的曲线如图 5.24 所示。

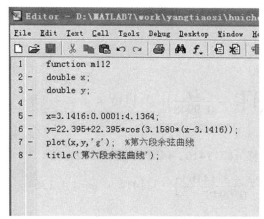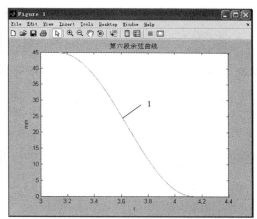

图 5.24　余弦曲线的 M 文件以及生成的曲线图形

（2）正弦曲线

$$S = h\left(1 - \frac{\varphi}{\varphi_0} + \frac{1}{2\pi}\sin\frac{2\pi\varphi}{\varphi_0}\right)$$

$$= 44.79 - \frac{44.79}{0.9948}\varphi + \frac{44.79}{2\pi}\sin\frac{2\pi\varphi}{0.9948} \qquad 3.1416 < \varphi \leqslant 4.1364 \tag{5.38}$$

$y = S \rightarrow \vec{a}$ 平移$(3.1416, 0)$，得

$$y = 44.79 - 45.0241(\varphi - 3.1416) + 7.12855\sin6.3160(\varphi - 3.1416)$$

$$1.9722 < \varphi \leqslant 2.290 \tag{5.39}$$

方程求解后，在 MATLAB 中编写 M 文件，得到从动件位移函数曲线如图 5.25 所示。

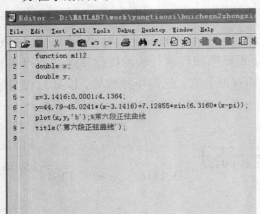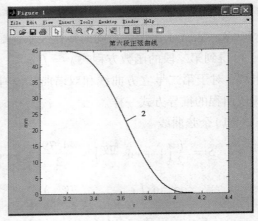

图 5.25 正弦曲线的 M 文件以及生成的曲线图形

（3）第二号立方曲线

由于只有第二号立方曲线的推程方程式，因此我们还需要推导出此曲线的回程方程式。其推导过程与第四段的方法一样，在这里不再赘述。由推程的方程式

$$S = h\left(\frac{\varphi}{\varphi_0}\right)^2\left(3 - \frac{2\varphi}{\varphi_0}\right)$$

因 $S_1 = -S$，将 $h = 44.79$，$\varphi_0 = 0.9948$ 带入得

$$S_1 = -h\left(\frac{\varphi}{\varphi_0}\right)^2\left(3 - \frac{2\varphi}{\varphi_0}\right) = -44.79\left(\frac{\varphi}{0.9948}\right)^2\left(3 - \frac{2\varphi}{0.9948}\right) \quad 3.1416 < \varphi \leqslant 4.1364 \tag{5.40}$$

移动向量 $\vec{a} = (3.1416, 44.79)$，$y = S_1 \rightarrow$ 平移 $\vec{a}(3.1416, 44.79)$ 得

$$y = 44.79 - 44.79\left(\frac{\varphi - 3.1416}{0.9948}\right)^2\left(3 - \frac{2(\varphi - 3.1416)}{0.9948}\right) \quad 3.1416 < \varphi \leqslant 4.1364 \tag{5.41}$$

方程求解后，在 MATLAB 中编写 M 文件，得到从动件位移函数的曲线如图 5.26 所示。

（4）多项式曲线

$$S = h\left[1 - \frac{10}{3}\left(\frac{\varphi}{\varphi_0}\right)^2 + 5\left(\frac{\varphi}{\varphi_0}\right)^4 - \frac{8}{3}\left(\frac{\varphi}{\varphi_0}\right)^5\right]$$

$$S = 44.49\left[1 - \frac{10}{3}\left(\frac{\varphi}{0.9948}\right)^2 + 5\left(\frac{\varphi}{0.9948}\right)^4 - \frac{8}{3}\left(\frac{\varphi}{0.9948}\right)^5\right] \tag{5.42}$$

$$3.1416 < \varphi \leqslant 4.1364$$

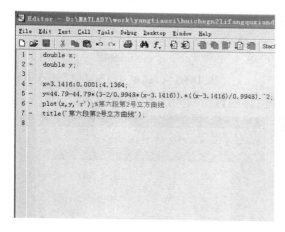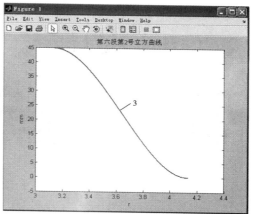

图 5.26　第二号立方曲线的 M 文件以及生成的曲线图形

$y = S_1 \rightarrow$ 平移 $\vec{a}(3.1416, 44.79)$，得

$$y = 44.49 - 149.3\left(\frac{\varphi - 3.1461}{0.9948}\right)^2 + 223.95\left(\frac{\varphi - 3.1416}{0.9948}\right)^4 + 119.44\left(\frac{\varphi - 3.1416}{0.9948}\right)^2$$

$$3.1416 < \varphi \leqslant 4.1364 \qquad (5.43)$$

在 MATLAB 中编写 M 文件，绘制出从动件位移函数的曲线如图 5.27 所示。

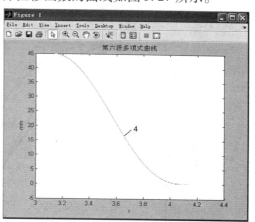

图 5.27　多项式曲线的 M 文件以及生成的曲线图形

（5）双谐曲线

同样，双谐曲线中只有推程方程式，需要推导出此曲线的回程方程式，推导方式与第六段的双谐回程方程式一样，得

$$S_1 = -S = \frac{h}{2}\left(\frac{3}{4} - \cos\frac{\pi\varphi}{\varphi_0} + \frac{1}{4}\cos\frac{2\pi\varphi}{\varphi_0}\right)$$

$$S_1 = -\frac{44.79}{2}\left(\frac{3}{4} - \cos\frac{\pi\varphi}{0.9948} + \frac{1}{4}\cos\frac{2\pi\varphi}{0.9948}\right) \qquad 3.1416 < \varphi \leqslant 4.1364$$

$$(5.44)$$

$y = S_1 \rightarrow \vec{a}$ 平移(3.1416, 44.79)，得

$$y = 44.79 - \frac{44.79}{2}\left[\frac{3}{4} - \cos\frac{\pi(\varphi - 3.1416)}{0.9948} + \frac{1}{4}\cos\frac{2\pi(\varphi - 3.1416)}{0.9948}\right]$$

$$3.1416 < \varphi \le 4.1364 \qquad (5.45)$$

在 MATLAB 中编写 M 文件，得到从动件位移函数曲线如图 5.28 所示。

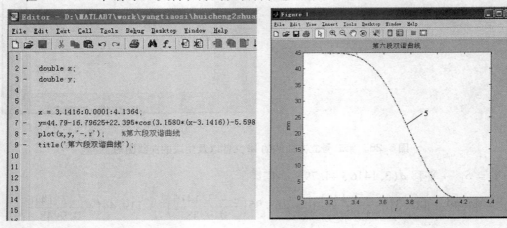

图 5.28　双谐曲线的 M 文件以及生成的曲线图形

MATLAB 中求得所有第六段曲线如图 5.29 所示。

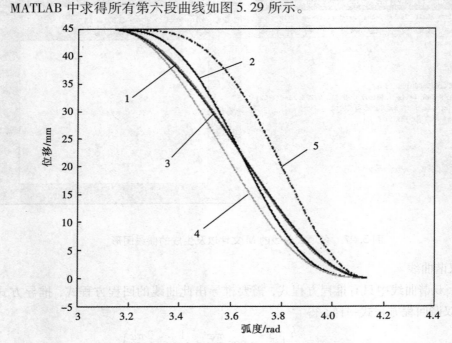

图 5.29　第六段内所有从动件位移的曲线图形

求出七段内所有的曲线的方程式和曲线的图形，MATLAB 中七段内所有曲线如图 5.30 所示。

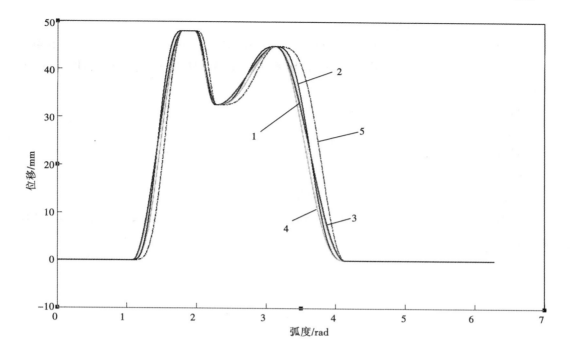

图 5.30 凸轮运动一周内从动件所有位移曲线图形

5.3 从动件速度求解

以上分析并且求出了各段内从动件位移的运动方程式和曲线图形，曲线图形所表达的信息为当从动件随凸轮的转动，位移随角度变化的情况。实际上就是在径向方向上从动件与凸轮接触点到凸轮旋转中心的距离相对于基圆半径变化的过程。如果将求得的方程用极坐标的方式表达，位移就转化为随角度的径向变化，如果在每个方程式的后面加上基圆，即为从动件与凸轮接触点转动一周的轨迹，也即为凸轮的曲线。基于这样的思路，将以上求出的方程式在 MATLAB 中转化为凸轮的曲线。

5.3.1 极坐标下盘凸轮廓线

MATLAB 具有强大的可视化的功能，不仅可以在直角坐标系中表达函数的图形，而且也可以在极坐标表达函数的图形，如在极坐标系中调用函数 polar，其调用的格式为：Polar(theta，rho，选项)，其中 theta 为极坐标的极角，rho 为极坐标矢径，其使用与 plot 相似，只需把 theta 替换为方程式中的 φ，rho 替代方程式中的 y。利用 MATLAB 中的图形保持功能 hold 可以显示出所有段在极坐标下的图形。同时，为了使曲线更加直观及在复杂图形中分辨各个数据系列，将生成的曲线图形设置不同线型，其设置与以前设置线型保持一致。以第一段为例，第一段的方程式为

$$y = 0 \times \varphi \qquad 0 < \varphi \leqslant 1.082$$

替换成极坐标的方程式为

$$rho = 0 \times theta \qquad 0 < theta \leqslant 1.082 \tag{5.46}$$

凸轮曲线需要方程式后面加上凸轮的基圆109，在 MATLAB 中编写 M 文件，格式如下：

double theta；

double rho；

theta = 0：0.0001：1.082；　　　　%第一段加109为基圆半径

rho = 109 + theta * 0；

polar(theta, rho, '− − b')；　　　　%第一段线型为双线

在 MATLAB 中运行 M 文件，可以得到由第一段方程式在极坐标下生成的图形，图形如5.31所示。

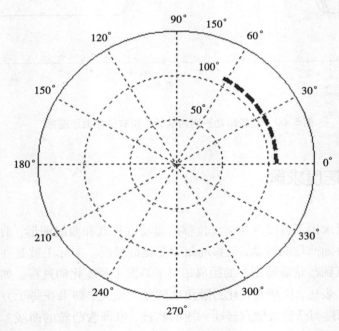

图5.31　第一段从动件位移曲线转化为凸轮曲线的图形

而其他段曲线的转化与第一段完全一样，不再一一列举。利用 MATLAB 中的 hold 功能保持图形，就可以得到所有可能的凸轮曲线，其凸轮曲线的可能有 $5 \times 5 \times 5 \times 5 = 625$ 种。所有的方程式转化完成后在 MATLAB 极坐标下的图形如图5.32所示。

通过以上的计算得到了625种可能的凸轮曲线形状，从直观上看去有些曲线的差别很小，很难直接从中选取优良的凸轮曲线形状。因此，还要进行凸轮曲线的优化。

考虑凸轮曲线的冲击性能，找到从动件沿着凸轮曲线运动时所产生的速度 v、加速度 a 以及速度加速度的最大值、最大跃度等变化规律。当下模块的滚子在盘凸轮槽内的运动受阻（即发生碰撞）时就会产生极大的冲击力，这样会对下模块和盘凸轮造成严重的损害，因此希望从动件的运动速度 v 尽量平稳而且要求速度的最大值 v_{max} 较小。另外加

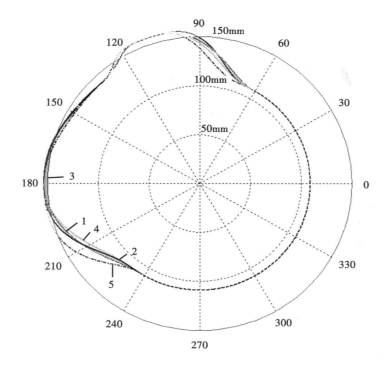

图 5.32 极坐标下所有可能的凸轮曲线图形

速度 a 也是评价盘凸轮动态特性的重要因素之一。加速度 a 越大，惯性载荷就越大，则作用在盘凸轮与从动件(下模块)的接触应力就越大，对于盘凸轮和滚动轴承的强度和耐磨性要求也就越来越高，为了减小惯性力，希望加速度 a 的绝对值越小越好。

综上所述，最终选取凸轮曲线形状时，以速度、加速度作为衡量优劣的标准，希望速度、加速度的曲线要求平滑无跳跃，且要求最值尽可能小。下面将对各段内速度、加速度一一进行求解。

5.3.2 从动件径向速度曲线求解

在求出各段内所有可能的曲线的位移方程式后，只需要对位移的方程式进行求导，即可得到从动件竖直方向上速度的函数方程。调用 MATLAB 专门的函数对方程进行求导。如调用的函数为 diff 函数，调用的格式为 diff(y)；即可得到方程 y 的导函数，从而得到从动件速度曲线。

（1）第一段速度曲线

第一段内，从动件处于休止状态，位移始终为零，所以在 $0 < \varphi \leqslant 1.082$ 内，速度 $v = 0$ 。

（2）第二段速度曲线。

在第二段内，从动件为推程阶段，在 $1.082 < \varphi \leqslant 1.798$ 内，从动件的位移由 0 变为 48，以第二段余弦曲线为例，从动件的位移曲线方程为[见方程式(5.7)]

$$y = 24\left[1 - \cos\frac{\pi}{0.716}(\varphi - 1.082)\right]$$

在 MATLAB 中我们调用 diff 函数，其程序如下：

syms x

$y = 24 - 24 * \cos(4.388 * (x - 1.082))$；

$y1 = \text{diff}(y)$

在 M 文件中点击运行后，在 MATLAB 的 command window（命令窗口）生成 Db1，即位移函数的导函数，$y1 = 13164/125 * \sin(1097/250 * x - 593477/125000)$，然后编写 M 文件绘制出导函数的曲线，编程如下：

$x = 1.082 : 0.0001 : 1.798$；

$y1 = 13164/125 * \sin(1097/250 * x - 593477/125000)$；

$\text{plot}(x, y1, 'g')$；

$\text{title}('第二段余弦速度曲线')$；% 第二段正余弦加速度一阶导数

hold off

运行 M 文件后，得到余弦函数导函数的曲线图形如图 5.33 所示。

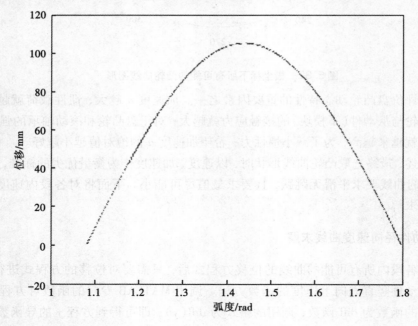

图 5.33   第二段内余弦曲线的导函数图形

第二段其他曲线的求解与上面的方法一样，不再赘述，最终可以得到第二段内所有曲线的导函数图形如图 5.34 所示。

（3）第三段速度曲线

在第三段内，从动件处于休止状态，位移为 48，所以在 $1.798 < \varphi < 1.9722$ 内，速度 $v = 0$。在此处不再给出曲线图形（为零的一条直线）。

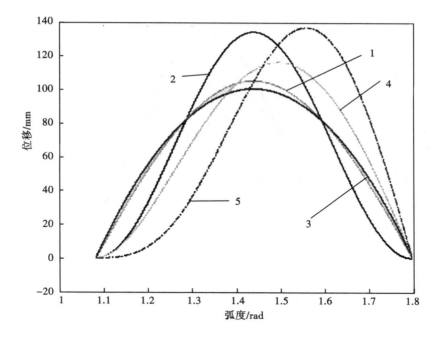

图 5.34 第二段内所有曲线函数的导函数图形

（4）第四段、第五段、第六段速度曲线

第四段、第五段、第六段速度的求解方法与第二段一样，所以具体的导函数求解在此处不再赘述。下面给出这三段的导函数图形分别如图 5.35 至图 5.37 所示。

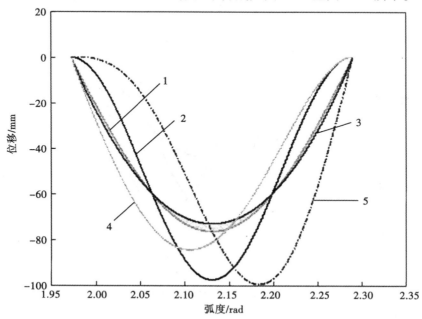

图 5.35 第四段内所有函数的导函数图形

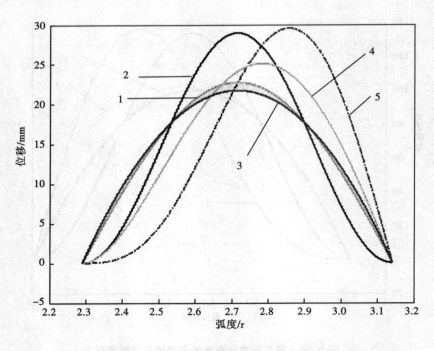

图5.36 第五段内所有函数的导函数图形

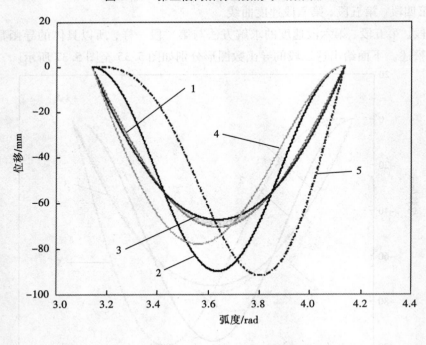

图5.37 第六段内所有函数的导函数图形

（5）第七段速度曲线

在第七段内，动件处于休止状态，位移回归为零，所以在 $4.1364 < \varphi \leqslant 2\pi$ 内，速度 $v = 0$。

至此，已经求出了七段内所有导函数的曲线，即从动件运动速度变化曲线，利用 MATLAB 中的图形保持功能，求解出七段内曲线的速度曲线如图 3.38 所示。

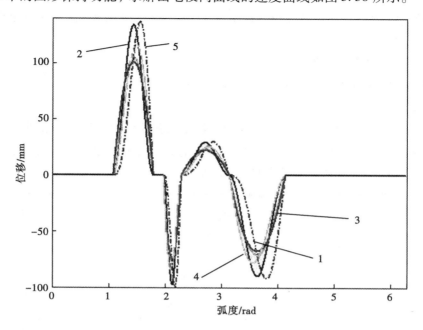

图 5.38　一个周期内的位移曲线导函数的图形

5.3.3　从动件径向加速度曲线求解

以上求出了曲线的导函数的图形，反映了从动件径向速度变化规律。关于从动件运动时加速度的讨论与一次求导一样，MATLAB 有专门的函数进行函数的二阶导函数的求解。调用 MATLAB 的专门函数对方程进行求 N 阶导函数，调用的函数也为 diff 函数，调用的格式为 diff(y, N)，针对求二阶导函数，调用的格式为 diff(y, 2)，运行 M 文件后即可在 MATLAB 中的相关命令得到方程 y 的二阶导函数，即可以得到从动件加速度曲线。

（1）第一段的加速度曲线

在第一段内，从动件处于休止状态，位移始终为零，所以在 $0 < \varphi \leqslant 1.082$ 内，加速度 $a = 0$。

（2）第二段的加速度曲线

在第二段内，从动件为推程阶段，在 $1.082 < \varphi \leqslant 1.798$ 内，从动件的位移由 0 变为 48，仍以第二段余弦曲线为例，从动件的位移曲线方程为[见方程式（5.7）]：

$$y = 24\left[1 - \cos\frac{\pi}{0.716}(\varphi - 1.082)\right]$$

在 MATLAB 中我们调用 diff 函数，相应的程序如下：

```
syms x
y = 24 - 24 * cos(4.388 * (x - 1.082));
```

$y1 = \text{diff}(y, 2)$

在 MATLAB 的 command window(命令窗口)生成 y1 也即位移函数的二阶导函数，$y1 = 7220454/15625 * \cos(1097/250 * x - 593477/125000)$，然后编写 M 文件求出导函数的曲线，相应的程序如下：

$x = 1.082 : 0.0001 : 1.798$;

$y1 = 7220454/15625 * \cos(1097/250 * x - 593477/125000)$;

$\text{plot}(x, y1, 'g')$;

title('第二段加速度余弦曲线'); % 第二段正余弦曲线的二阶导函数图形

运行 M 文件后，得到余弦函数二阶导函数的曲线，然后以相同的方法求出第二段内所有曲线的二阶导函数图形，结果如图 5.39 所示。

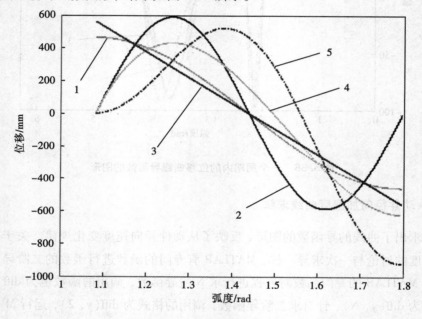

图 5.39　第二段所有位移曲线的二阶导函数图形

(3)第三段的加速度曲线

在第三段内，从动件处于休止状态，位移为 48，所以在 $1.798 < \varphi < 1.9722$ 内，加速度 $a = 0$。在此处不再给出曲线图形(为零的一条直线)。

(4)第四段、第五段、第六段的加速度曲线

第四段、第五段、第六段的加速度曲线的求解方法与第二段一样，具体的求解过程在此处也不再赘述。下面只给出这三段的二阶导函数曲线分别如图 5.40 至图 5.42 所示。

(5)第七段的加速度曲线

在第七段内，动件处于休止状态，位移回归为零，所以在 $4.1364 < \varphi \leqslant 2\pi$ 内，加速度 $a = 0$。

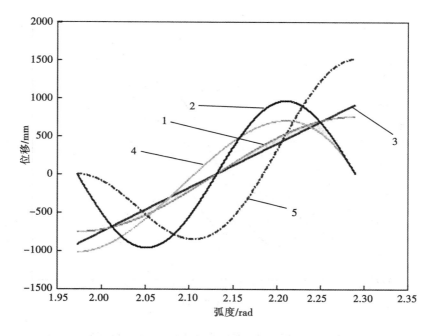

图 5.40　第四段所有位移曲线的二阶导函数图形

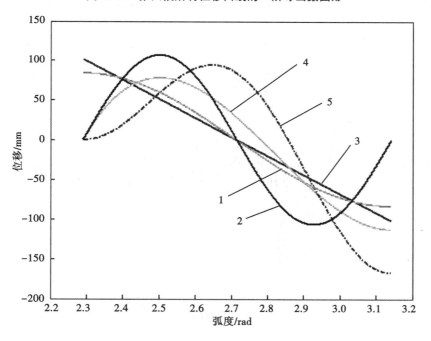

图 5.41　第五段所有位移曲线的二阶导函数图形

　　至此,已经求出了七段内所有曲线的二阶导函数的曲线。利用 MATLAB 中的图形保持功能,得到七段内所有曲线的二阶导函数图形,即从动件加速度曲线变化规律如图 5.43 所示。

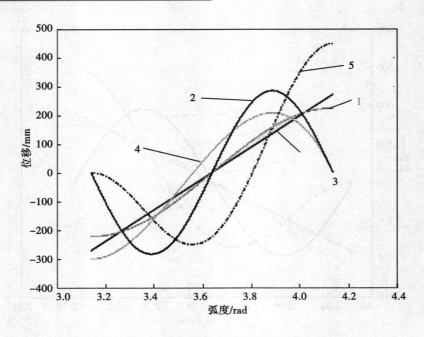

图5.42　第六段所有位移曲线的二阶导函数图形

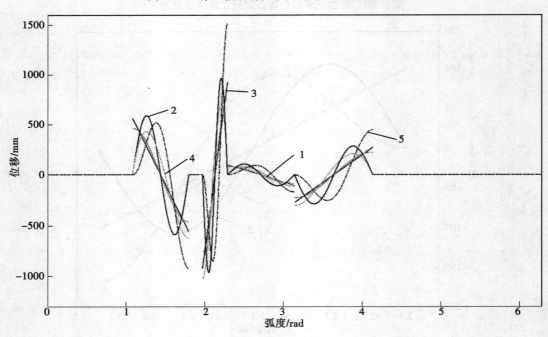

图5.43　一个周期内所有位移曲线对应的二阶导函数图形

5.3.4　曲线冲击性能分析

由以上得到的各段从动件的位移、速度及加速度的曲线，分析各个曲线的对于从动件的冲击性能。

（1）双谐曲线

由图 5.37 速度曲线和图 5.43 加速度曲线中可以看出（第二号立方曲线 3），双谐曲线在行程开始的时候，无论是速度还是加速度，变化率较其他曲线的变化率小，基本可以消除行程开始的高度陡振和振动，因此用双谐曲线，从动件运动比较平滑。但是从速度图中可以看出，开始时运动缓慢，要求具有最小的凸轮曲率和尺寸较大的凸轮。由于双谐曲线加工要求非常精确，常常因为加工的误差（特别是行程开始的时候）而抵消了曲线本身的优点。另外从加速度图中可以看出，在行程的末端的最大加速度的值较大，导致在该点会产生加速度的突变，造成较大的冲击。

（2）第二号立方曲线

在本次的曲线选取中没有选取第一号立方曲线，因为第一号立方曲线在加速度曲线的中点上有着较大的加速度突变，有不良的无限斜率特性，且最大速度和最大加速度较大，需要较大尺寸的凸轮，且对机械加工的要求较为严格。

第二号立方曲线 3 与第一号立方曲线明显的不同点为在加速度曲线的中间点上没有加速度的跳跃，加速度曲线在某段内为一条连续的直线，但是从加速度的图中可以看出，利用第二号立方曲线时，在行程的起始和末端都会产生加速度的跳跃和突变，同样会造成较大的冲击。

（3）余弦曲线

由加速度的曲线图形可以看出，余弦曲线 1 在行程的起始端和末端位置，都会产生速度、加速度的突变，因此在运动时将产生噪声、振动以及磨损。而且由加速度的图中看出，余弦曲线 1 与第二号立方曲线 3 的图形较为相似。

（4）五次多项式曲线

与其他曲线的加速度相比，多项式曲线 4 的加速度曲线相对平滑，且速度和加速度的最大值较小，但是在曲线与曲线连接点（连接点的一个，起始点或者终止点）上产生较小的跳跃。

总之，在中低速的凸轮运动时，可以采用多项式，对于高速或重载的情况则仍会产生柔性冲击。

（5）正弦曲线

相比所有曲线的速度、加速度，正弦曲线属于其中最优良的曲线。利用正弦曲线不仅速度曲线连续，而且从动件运动时的加速度也连续，因此所引起的振动、磨损、应力、噪声和陡振都低。正弦曲线适合于高速凸轮机构的运动。正弦曲线的速度、加速度的图形分别如图 5.44 和图 5.45 所示。

在所有的曲线当中选择正弦曲线作为从动件的运动规律。而优化的前提必须要优于原有的凸轮机构的性能，因此还需要将选出的优良曲线与原有的曲线进行冲击性能的对比。

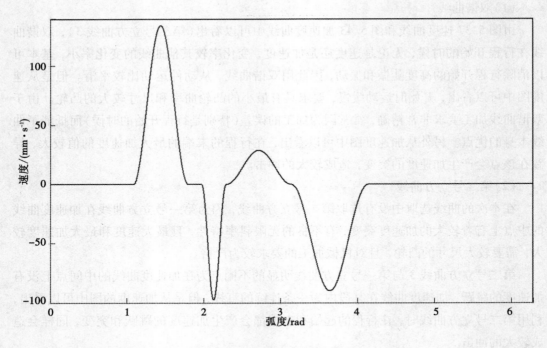

图5.44　正弦曲线的速度曲线

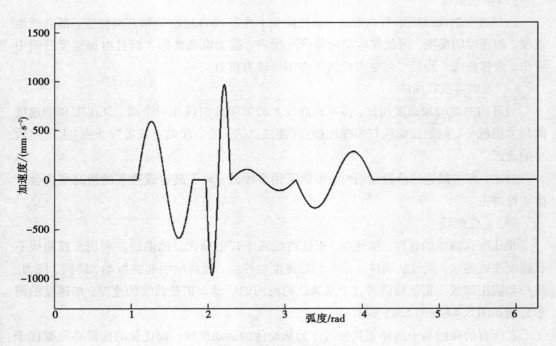

图5.45　正弦曲线的加速度曲线

5.3.5　优良凸轮曲线与原有曲线对比

由于原有的凸轮曲线在各段内没有从动件运动的方程式，也即只有一条凸轮曲线，要想得到凸轮曲线的冲击性能,将凸轮曲线做成简易的凸轮机构模型进行运动学的仿真,测量出接触点上的速度、加速度的变化。简化后的凸轮机构模型如图 5.46 所示。

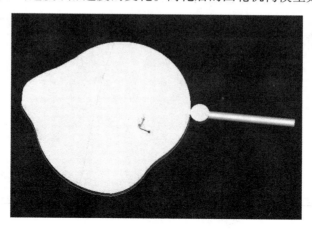

图 5.46　简化的凸轮机构模型

在 MECH/Pro2005 中定义凸轮和从动件为 Rigid Bodies(刚体),在凸轮与从动件的接触点上建立一个属于从动件的 MARKER。定义凸轮边缘的曲线和滚子边缘的曲线为 curve。将 Pro/E 中所建的凸轮机构模型直接导入 ADAMS 中(导入 ADAMS 之前零件已经统一好单位为 MMKS,即 Pro/E 与 ADAMS 的单位一致)。导入 Adams 中后给凸轮施加一个转动副,并对转动副施加 MOTION,大小为 180d/s,对从动件施加移动副,利用在 MECH/Pro 中定义的两个 curve 施加凸轮副,得到 ADAMS 中的凸轮机构模型如图 5.47 所示。

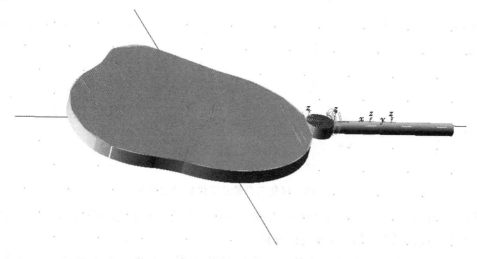

图 5.47　ADAMS 中的凸轮机构模型

定义仿真时间为 2s,仿真步长为 950。然后开始仿真,随着凸轮的转动,从动件随凸轮曲线位置的变化而进行 x 轴向的移动。仿真完成后对建立的凸轮与从动件接触位置的 MARKER 进行测量,测量随凸轮转动时接触点的位移、速度以及加速度的变化。测量结果分别如图 5.48 至图 5.50 所示。

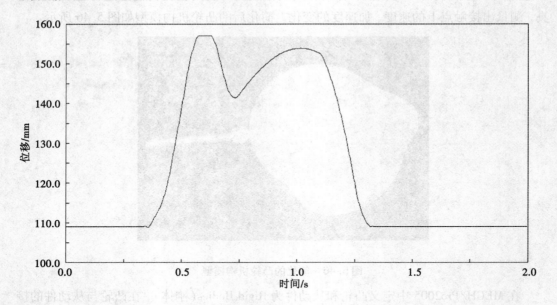

图 5.48　优化前凸轮从动件的位移曲线

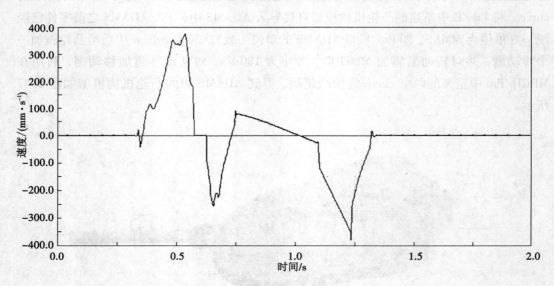

图 5.49　优化前凸轮从动件的速度图形

　　以上求出了优化前凸轮机构中从动件的位移、速度、加速度的曲线图形，下面将基于 ADAMS 对选出的正弦曲线的进行分析。

　　由于已经求出了从动件运动时每一段的函数方程，因此可以先利用"反转法"在 ADAMS 中进行凸轮机构的设计。"反转法"是凸轮机构设计常用的设计方法，它是在选定从动件的运动规律和确定凸轮机构基本尺寸的前提下，采用反转法原理设计出凸轮的轮廓曲线。这里采用 Adams/View 中提供的应用相对轨迹曲线生成实体的方法来设计凸

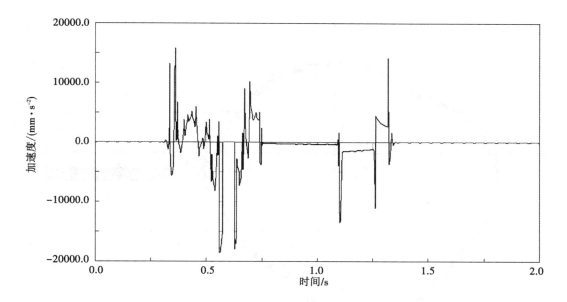

图 5.50　优化前凸轮机构中从动件的加速度图形

轮，然后对凸轮与从动件接触点进行运动学分析。

将 Pro/E 中建好的从动件模型 congdongjian 导入到 ADAMS 中，然后创建一个在其上生成凸轮轮廓曲线的凸轮板 pantulun，接着创建运动副。在 congdongjian 与 ground 之间创建移动副，在 pantulun 与 ground 之间创建转动副。在转动副上施加一个转动的 MOTION，使其角速度为 180°/s，在移动副上施加一个移动的 MOTION，使其移动速度为以下的 IF 函数，函数的编写来源于正弦曲线在各个段内的方程表达式：

IF(time − 62/180：0，0，IF(time − 103/180：67.039 ∗ (180d ∗ time − 62d) − 7.639 ∗ SIN(8.775 ∗ (180d ∗ time − 62d))，48，IF(time − 113/180：48，48，IF(time − 131.2/180：48 − 48.8365 ∗ (180d ∗ time − 113d) + 2.4717 ∗ SIN(19.7584 ∗ (180d ∗ time − 113d))，32.47，IF(time − 132.47 + 14.4667 ∗ (180d ∗ time − 131.2d) − 1.9608 ∗ SIN(7.3781 ∗ (180d ∗ time − 131.2d))，44.79，IF(time − 237/180：44.79 − 45.0241 ∗ (180d ∗ time − 180d) + 7.12855 ∗ SIN(6.3160 ∗ (180d ∗ time − 180d))，0，0))))))

然后进行运动仿真，选取 Review/Create Trace Spline 获取凸轮的轮廓曲线。得到的曲线轮廓如图 5.51 所示。

将生成的曲线拉伸为实体，删除凸轮板和施加在从动件上的 MOTION，在凸轮与从动件之间施加凸轮副，然后对模型进行运动仿真。仿量凸轮与从动件接触点的位移、速度、加速度变化的曲线。测量的结果分别如图 5.52 至图 5.54 所示。

由优化前后的速度、加速度图可以明显地看出，优化后的凸轮曲线要明显优于优化前的凸轮曲线，而且速度、加速度的最大值也有所降低，明显降低了凸轮机构运动过程中所造成的冲击、振动以及噪声。因此优化后正弦曲线生成的凸轮曲线可以作为盘凸轮的曲线。

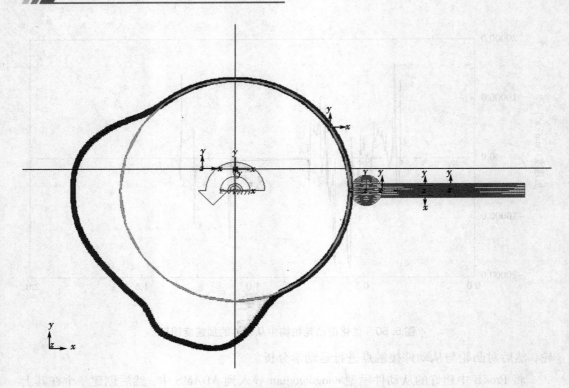

图 5.51　利用反转法求出的凸轮曲线

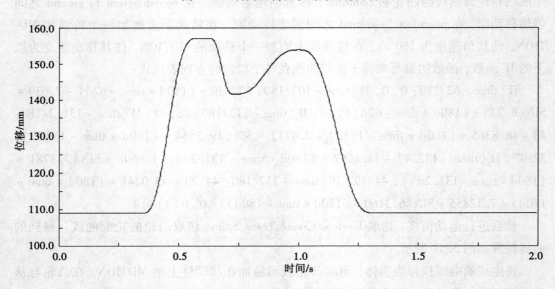

图 5.52　利用反转法得到从动件的位移图形

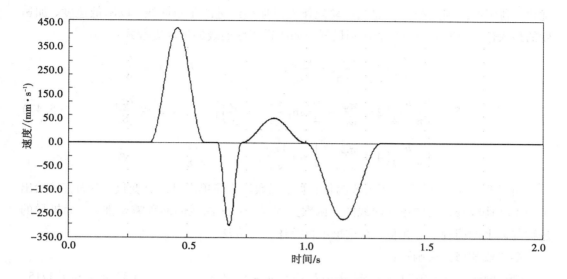

图 5.53　利用反转法得到从动件的速度图形

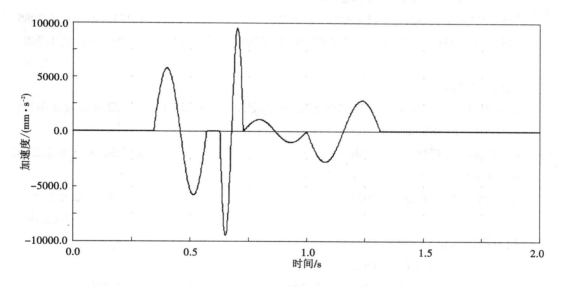

图 5.54　利用反转法得到从动件的加速度图形

5.4　曲线的修正与优化

通过上面的运动仿真得到的速度、加速度图形,选定正弦曲线作为优化曲线。对 MATALB 中所有段曲线的速度、加速度图进行对比可以发现,正弦曲线在所有的曲线中并不是最完美的,正弦曲线运动规律在始末两点的加速度为零,在这两点附近的运动缓慢导致中间加速度最大。在保证正弦曲线优良特征的基础之上,对正弦曲线进行修正和优化，利用不同周期的正弦曲线运动规律光滑连接改进的正弦曲线，以降低速度、加速度的最大值，使振动冲击性能达到最低。如改进正弦曲线的运动方程式：

$$
S = \begin{cases}
\dfrac{\pi h}{\pi + 4}\left(\dfrac{\varphi}{\varphi_0} - \dfrac{1}{4\pi}\sin\dfrac{4\pi\varphi}{\varphi_0}\right) & 0 < \varphi \leqslant \dfrac{\varphi_0}{8} \\[3mm]
\dfrac{h}{\pi + 4}\left[2 + \dfrac{\pi\varphi}{\varphi_0} - \dfrac{9}{4}\sin\left(\dfrac{4\pi\varphi}{\varphi_0} + \dfrac{\pi}{3}\right)\right] & \dfrac{\varphi_0}{8} < \varphi \leqslant \dfrac{7\varphi_0}{8} \\[3mm]
\dfrac{h}{\pi + 4}\left(4 + \dfrac{\pi\varphi}{\varphi_0} - \dfrac{1}{4}\sin\dfrac{4\pi\varphi}{\varphi_0}\right) & \dfrac{7\varphi_0}{8} < \varphi \leqslant \varphi_0
\end{cases}
\tag{5.47}
$$

由于第一段、第三段、第七段为休止段，函数较为简单而且没有变化，下面直接给出了余下其他段修正后的正弦曲线的导函数方程式。正弦曲线的回程需要推导，而推导的过程与以上的回程推导相似，在这里不再赘述推导方法。

第二段的修正后函数：

$$
y = \begin{cases}
29.4906(\varphi - 1.082) - 1.6803\sin 17.5508(\varphi - 1.082) & 1.082 < \varphi \leqslant 1.1715 \\[2mm]
13.4424 + 29.4906(\varphi - 1.082) - & \\
15.1227\sin(5.8503(\varphi - 1.082) + 1.0472) & 1.1715 < \varphi \leqslant 1.7085 \\[2mm]
48 + 29.4906(\varphi - 1.798) - 1.6803\sin\left[17.5508(\varphi - 1.798)\right] & 1.7085 < \varphi \leqslant 1.798
\end{cases}
\tag{5.48}
$$

第四段的修正后函数：

$$
y = \begin{cases}
48 - 21.4832(\varphi - 1.9722) + 0.54365\sin\left[39.5169(\varphi - 1.9722) - \right. & 1.9722 < \varphi \leqslant 2.01195 \\
\left. 4.34917 - 21.4832(\varphi - 1.9722)\right] + & \\
4.8928\sin(13.1723(\varphi - 1.9722) + \pi/3) + 48 & 2.01195 < \varphi \leqslant 2.25045 \\
48 - 8.69834 - 21.4832(\varphi - 1.9722) + & \\
0.54365\sin 39.5169(\varphi - 1.9722)\right] & 2.25045 < \varphi \leqslant 2.290
\end{cases}
\tag{5.49}
$$

第五段的修正后函数：

$$
y = \begin{cases}
32.47 + 6.3640(\varphi - 2.290) - & \\
0.4313\sin 14.7562(\varphi - 2.290) & 2.290 < \varphi \leqslant 2.39645 \\
35.9202 + 6.3640(\varphi - 2.290) - & \\
3.8815\sin(4.9187(\varphi - 2.290) + \pi/3) & 2.39645 < \varphi \leqslant 3.03515 \\
39.3704 + 6.3640(\varphi - 2.290) - & \\
0.4313\sin 14.7562(\varphi - 2.290) & 3.03515 < \varphi \leqslant 3.1416
\end{cases}
\tag{5.50}
$$

第六段的修正后函数：

$$y = \begin{cases} 44.79 - 19.80615(\varphi - 3.1416) + \\ \quad 1.5679\sin 12.632(\varphi - 3.1416) & 3.1416 < \varphi \leqslant 3.26595 \\ 32.2466 - 19.80615(\varphi - 3.1416) + \\ \quad 14.1113\sin(4.2107(\varphi - 3.1416) + \pi/3) & 3.26595 < \varphi \leqslant 4.01205 \\ 19.7032 - 19.80615(\varphi - 3.1416) + \\ \quad 1.5679\sin[12.632(\varphi - 3.1416] & 4.01205 < \varphi \leqslant 4.1365 \end{cases} \quad (5.51)$$

求得改进的正弦函数方程式之后，利用 MATLAB 得到各段内的从动件速度的变化曲线。同样利用 DIFF 函数们可以求出改进曲线二阶导函数图形。为了便于比较改进前后正弦曲线的速度与加速度的差别，通过 M 文件，利用 MATLAB 中的图形保持功能，将原有的正弦曲线的速度、加速度图形与改进正弦曲线的速度、加速度进行比较，如图 5.55 和图 5.56 所示。

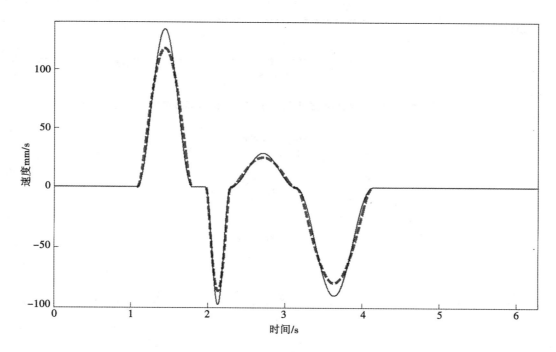

图 5.55　正弦曲线与改进正弦曲线(虚线)速度曲线的对比

由图 5.55 和图 5.56 可以看出，通过对原优良的正弦曲线的修正，使各段内的速度、加速度的最大值降低，有效地降低了模块在运动时产生的冲击力和惯性载荷。无论是速度还是加速度，改进正弦曲线的起始和末端值都小于改进之前的正弦曲线，避免了在始末两点附近运动缓慢的弊端。若不考虑机械加工等因素的影响，单从曲线的性能来说，改进后的正弦曲线要优于改进前的正弦曲线。在 MATLAB 中通过插值可以得到优化之前的凸轮曲线轮廓，而最终优化后的凸轮曲线轮廓与优化之前的凸轮曲线轮廓对比如图 5.57 所示。

以上通过盘凸轮的曲线轮廓分析了从动件下模块的运动规律，根据凸轮设计常用的

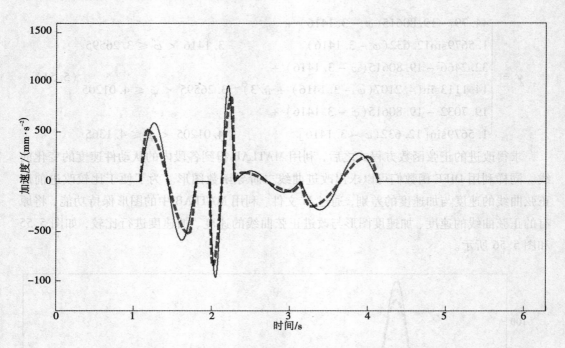

图 5.56　正弦曲线与改进正弦曲线（虚线）的加速度曲线的对比

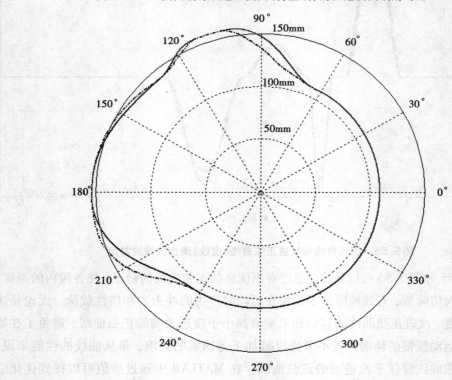

图 5.57　优化后的凸轮曲线轮廓与优化之前的对比

虚线——优化前的盘凸轮曲线轮廓；实线——优化后的盘凸轮曲线轮廓

函数求解出下模块所有可能的函数方程。根据从动件位移方程绘制出对应的盘凸轮曲线，通过对下模块位移曲线进行速度、加速度的求解，从中选出了具有良好冲击性能的正弦曲线作为下模块位移函数。对正弦曲线进一步的修正与优化来改善正弦曲线仍然存在的不足之处，达到了盘凸轮曲线优化的效果。

第6章 转塔机构运动分析

转塔机构是柱塞式胶囊充填机核心机构之一，其回转一周完成选囊、分囊、充填、剔废、合囊、输出等功能。

6.1 转塔机构组成及原理

6.1.1 转塔机构组成

转塔机构由花笼、上模块、下模块、滑架总成、盖板、盘凸轮、十工位(或十二工位)间歇机构等组成。位于设备的中心位置，周围分别有充填机构、选囊机构、分囊机构、合囊机构、出囊机构、剔废机构等。如图6.1所示。

图6.1 转塔机构

由图6.1可知，与充填机构配合实现将药粉充入胶囊下体中；与剔废机构配合，将体、帽未分离的胶囊或有问题的胶囊剔除；与合囊机构配合，将充填好的胶囊体和帽套合；与出囊机构配合，实现胶囊的输出；与选囊机构配合，实现胶囊以一定的方向向前输送；与分囊机构配合，实现胶囊体、帽分离。

转塔在与各机构配合过程中，需要运动位置准确，否则无法实现正常功能。间歇机构按规定的角度传动转塔转动。转塔安装在盘凸轮上，通过盘凸轮轨道曲线控制模块的径向和轴向运动，其径向和轴向运动是借助于滑块总成机构实现的。

(1)T型轴

T型轴是下模块的载体，其结构决定下模块运动质量，在安装下模块时，要保证下模块位置及角度可调，以便保证上、下模块的配合精度。其结构如图6.2所示。

图 6.2　T 型轴结构

1—模块安装孔；2—模块支撑座；3—径向运动轴；4—锁紧轴

在安装下模块时，先将下模块放在支撑座 2 上，并将模块孔与 T 型座安装孔 1 对齐，用螺钉将下模块与安装孔 1 联接，将轴 3 通过滑架的直线轴孔，调整好下模块与上模块的对应位置，通过锁紧轴 4 将其紧固到滑架孔中，并锁紧安装孔 1 螺钉。

（2）模块

柱塞式胶囊充填机的模块包括上模块和下模块，模块的型号与胶囊型号相匹配，即零号胶囊需要配零号模具。模块型号有 $0A^\#$、$0B^\#$、$00^\#$、$0^\#$、$1^\#$、$2^\#$、$3^\#$、$4^\#$、$5^\#$。图 6.3 分别是某公司生产的 NJP2000 型柱塞式胶囊充填机的上模块和下模块。

（a）　　　　　　　　　　　　　　　（b）

图 6.3　上模块与下模块结构

图 6.3（a）为上模块实物图，是胶囊帽的载体，胶囊孔距为 12mm；图 6.3（b）为下模块实物图，是胶囊体的载体，胶囊孔距为 12mm。在设备运行过程中，上、下胶囊随转塔运动，同时上、下模块还具有相对运动，其运动精度要求高，如分囊、合囊、出囊工位要求上、下模块孔要保证同轴度。上模块固定在盖板上，如图 6.4 所示。

图 6.4　上模块与盖板的联接关系

1—定位销；2—盖板；3—上模块

如图 6.4 所示,定位销 1 是保证模块安装时位置准确,保证模块在运动过程中与其他机构及下模块配合准确。

图 6.5 为下模块与 T 型轴的联接关系。T 型轴带动下模块做径向运动,要求运动轨迹准确,与上模块共同作用完成分囊、充填、剔废、合囊等运动。

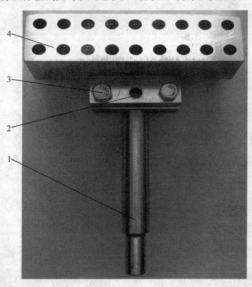

图 6.5　下模块与 T 型轴的联接关系

1—T 型轴;2—定位销孔;3—锁紧螺钉;4—下模块

图 6.5 中,T 型轴 1 通过螺钉 3 与下模块 4 联接在一起,控制下模块运动,并与上模块配合。

（3）滑架

T 型轴与滑架紧固在一起。滑架结构如图 6.6 所示。

图 6.6　滑架结构

1—锁紧螺钉;2—锁紧轴孔;3—弹性挡圈;4—直线轴承;5—滚动轴承

由图 6.6 可知,T 型轴的轴头端与滑架的锁紧轴孔 2 配合,调整好 T 型轴位置后,将螺钉 1 锁紧,弹性挡圈 3 固定直线轴承位置,直线轴承 4 分别与上横轴、下横轴配合,滚动轴承 5 在盘凸轮槽内运动，带动滑架按照盘凸轮槽轨迹做径向伸缩运动，即控制下模块径向伸缩运动。

（4）滑座

滑座是滑架的运动轨道，滑座的结构如图 6.7 所示。

图 6.7　滑座结构

1—下横轴；2—直线轴承；3—滑座；4—竖轴；5—上横轴

滑架通过上横轴 5、下横轴 1 分别固定于滑座体上。滑架可以沿着上横轴和下横轴运动，直线轴承 2 带动 T 型轴做径向伸缩运动，竖轴 4 是滑座 3 运动的轨道。

由 T 型轴、滑架、滑座组成的滑架总成如图 6.8 所示。

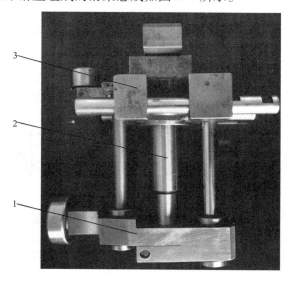

图 6.8　滑架总成结构

1—滑架；2—T 型轴；3—滑座

如图6.9所示为滑架总成在盘凸轮径向、轴向轨道的作用线，控制下模块的径向运动，控制上模块的轴向运动，与盘凸轮配合。

（a） （b）

图6.9 滑架总成与盘凸轮位置关系

图6.9（a）为滑架总成与盘凸轮在充填工位时的位置关系，此位置时是下模块在T型轴的带动下，伸出距离最大位置；图6.9（b）为滑架总成与盘凸轮在输出工位时的位置关系，此位置时是下模块在T型轴的带动下，伸出距离最小（为零）位置。在合囊工位、锁合工位、清洁工位、分囊工位时，下模块与上模块对应孔的轴线重合，在其他工位时，下模块的伸出距离小于充填工位下模块伸出的距离并大于零。

由此知道，盘凸轮是柱塞式胶囊充填机的核心部件，其轨道加工精度决定模块运动精度，图6.10为盘凸轮的零件图。

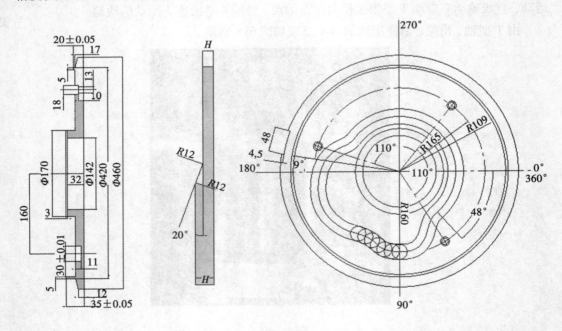

图6.10 盘凸轮零件图

　　由图 6.10 可知，盘凸轮的径向槽和凸沿上缘轨迹决定了各个工位模块的位置，盘凸轮的径向槽与滚子轴承配合，滚子轴承和槽在运转过程中不能间隙过大，既要保证滚子动轴承在槽内运动灵活，又要保证槽与滚子轴承间隙小于 $1.5\mu m$ 。因此，槽在加工过程中对加工设备以及操作工的要求很高，一般是通过数控铣加工，加工完在有些过渡位置还需进行研磨。

6.1.2 转塔机构运动原理

　　减速电机通过链轮、链条传动十工位（或十二工位）间歇机构转动，间歇机构通过轴端的法兰盘联接转塔机构。整个转塔机构通过滚子轴承在盘凸轮轨道上运转。转塔回转一周，下模块需要完成各工位作用，每个工位要求下模块的位置各不相同，下模块的运动循环为：圆周运动→径向伸出→伸出最大位置→径向收缩→圆周运动，从圆周运动到伸出最大位置过程中，要经过径向伸出过渡阶段，过渡阶段要保证滚子轴承在槽内运动灵活；从下模块伸出最大位置收缩到圆周运动过程中，也需要通过径向收缩的过渡阶段。滚子轴承通过滑架总成等使得各工位准确的运动，不同工位对模块到中心的距离是不相等的。转塔机构的结构示意图如图 6.11 所示。

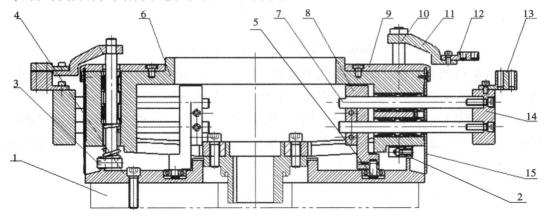

图 6.11 转塔机构内部结构示意图

1—工作台面；2—滚子轴承；3—立柱调整块；4—盘凸轮；5—径向运动轴承；6—花笼；
7—下模块导柱；8—滑块；9—盖板；10—上模块导柱；11—上模块托座；12—上模块；
13—下模块；14—下模块座体；15—罩环

　　由图 6.11 可知，转塔的结构是整个转塔机构安装在工作台平面 1 上。盘凸轮 4 通过螺栓固定在工作台上，盘凸轮的轨道控制上下模块的运动轨迹。花笼 6 是转塔的外框架，用来支撑、安装各个部件。盖板 9 与罩环 15 是转塔的外部零件。上模块导柱 10 通过上模块托座 11 与上模块 12 相连接。立柱调整块 3 与滑块 8 分别固定上、下模块导柱。滚子轴承 2 沿盘凸轮外沿轨道运动，通过上模块导柱 10 带动上模块做升降运动，径向运动轴承 5 在盘凸轮的径向槽内运动，通过滑架带动模块做径向伸缩运动。通过间歇机构的回转，带动整个转塔机构沿着盘凸轮的径向槽、轴向外沿间歇回转和升降运动，从而完成选囊、分囊、充填、剔废、合囊、输出工位相应的任务。模块运动与盘凸轮位置关系如图 6.12 所示。

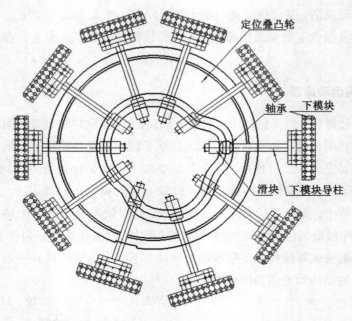

图 6.12　不同工位下模块位置示意图

由图 6.12 可以看出，盘凸轮固定在工作台面上，盘凸轮的轨道控制下模块运动的情况。间歇机构转动时带动滚子轴承在槽内运动，滚子轴承与滑块联接在一起，滑块带动下模块做间歇圆周运动。因此，每个工位下模块伸出的位置均不同。下模块径向运动的同时也做相应的轴向运动，其运动依靠滚子轴承沿凸轮外沿轨运动而实现，其原理如图 6.13 所示。

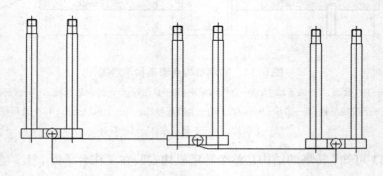

图 6.13　下模块升降运动位置示意图

下模块的升降运动依靠盘凸轮外沿的高低，由图 6.13 可知，间歇机构在带动转塔机构转动过程中，滚子轴承沿盘凸轮外沿转动，带动下模块导柱沿盘凸轮外沿运动，即随外沿的高低而做相应的直线升降运动，从而控制上模块与下模块分离及组合运动。

6.1.3　上下模块位置调试

当要改变充填的胶囊规格时，就必须更换上模块、下模块、选送叉、拨叉、导槽、充填杆及剂量盘。更换上下模块时，需要对上下模块孔中心对中调试，这一过程十分重要，直接影响到分囊、合囊的效果。模块调试时，需要选定基准，或者以上模块为基准调整下模块位置，或者以下模块为基准调整上模块位置，有的设备上模块只做间歇回转，不做升降，而下模块既做升降运动、又做径向伸缩运动（如有些 NJP1200 型柱塞式胶囊充填机的下模块的运动）。而对于一些大型（如 NJP2000 以上型号）柱塞式胶囊充填机，其上模块做升降运动，而下模块做径向伸缩运动。此时，可以以上模块为基准，也可以以下模块为基准，但为了便于调整下模块孔与剂量盘孔位置对中，常用以上模块为基准调整下模块位置。上、下模块调试需要使用专用的调试杆，如图 6.14 所示。

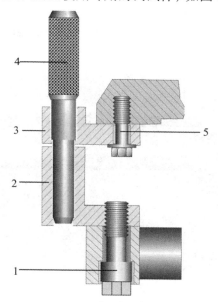

图 6.14　模块对中调整方法

1—下模块紧固螺钉；2—下模块；3—上模块；4—模块调试杆；5—上模块紧固螺钉

如图 6.14 所示，在安装新模块或维修、检修转塔机构时，上、下模块的位置往往需要重新调整，其调整方法为：

① 松开并取下上、下模块的紧固螺钉即可取下上、下模块；

② 将更换的上模块装入转盘上的两个柱销中，定位后拧紧螺钉；

③ 将更换的下模块装在 T 型座杆上，拧上螺钉；

④ 在第八工位（即合囊工位），把两个模块调试杆分别插入上、下模块最外侧的两个孔中，使下模块孔对准上模块孔后拧紧螺钉。要保证模块调试杆在模孔中能自由落下或转动灵活。

注意：当更换模具需要转动转塔工位时，必须要用手扳动主电机手轮，使转塔转动。

转动前必须取出模块调试杆。

6.2 转塔机构模型建立

转塔机构运动影响着胶囊充填的质量和效率，由于其运动复杂，既有径向运动，又有轴向运动；既有直线运动，又有回转运动。整个转塔机构做间歇运动，瞬时惯性力较大，一方面降低关键部件的使用寿命、增大设备的振动、冲击、噪声，另一方面增大了胶囊装量的差异率，为此有必要对转塔机构建立模型，对其进行动力学分析。

6.2.1 关键零部件模型

（1）滑块

滚子轴承在盘凸轮槽内运动带动滑块机构控制下模块做径向运动。其滑块模型如图6.15 所示。

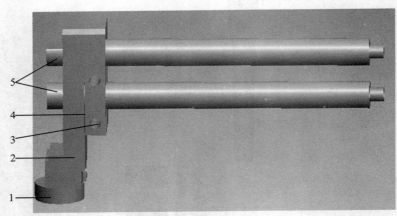

图6.15　滑块模型

1—滚子轴承；2—滑块体；3—锁紧螺钉；4—弹性缝隙；5—导杆

图6.15 中，滚子轴承1 带动滑块体在盘凸轮凹槽内做相对于花笼的径向运动，更换模块时，将螺钉3 松开并抽出导杆5，便可以更换下模块或调试下模块位置，滑块体在螺钉位置开有弹性缝隙4 便于夹紧导杆，螺钉3 将滑块体与导杆5 紧固在一起，以保证滑块运动的刚性。

（2）滑座

滑座是滑架总成载体，盘凸轮外沿是滑座上滚子的运行轨道，转塔在间歇回转过程中，当滚子接触的外沿升高时，滑座随之升高，带动下模块上升；当滚子接触的外沿降低时，滑座随之降低，带动下模块回落。凸轮处在近休止和远休止时滑块在轴向处于静止状态。下模块的升降方向是盘凸轮轴向的方向，实现上、下模块的分开和合并，其模型如图6.16 所示。

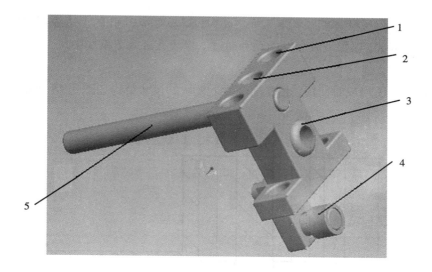

图 6.16　滑座模型

1—下模块升降轴孔；2—弹簧孔；3—直线轴承；4—滚子轴承；5—连接杆

由图 6.16 可以看到，滑座的运动是依靠滚子轴承 4 沿着下模块升降孔 1 做上下移动。它的上下移动就带动直线轴承 3 中的连接杆上下移动，而连接杆的另一端连着下模块，从而实现下模块的轴向移动。弹簧孔 2 中的弹簧作用是使滑座的运动严格地沿着凸轮外沿运动，保证下模块升降运动位置准确。

（3）模块

模块是柱塞式胶囊充填机关键零件。既要保证胶囊的体、帽顺利分离，又要保证胶囊的体、帽能顺利锁合，胶囊帽只允许在上模块中，胶囊体只允许在下模块中。

① 上模块

上模块是胶囊帽的载体，模块设计遵循结构简单、轻巧、紧凑的原则，以降低运动过程中的惯性力，并减少胶囊装量差异，上模块的结构如图 6.17 所示。

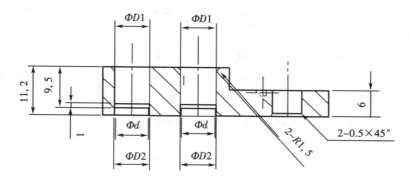

图 6.17　上模块结构

由图 6.17 可知，为了减小上模块的尺寸，我国柱塞式胶囊充填机相邻模块孔中心距的绝对尺寸为 12mm，同时要保证 $\Phi D1$ 大于胶囊帽直径大于 Φd，以保证胶囊帽能留在

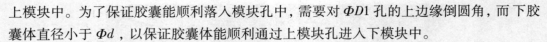

上模块中。为了保证胶囊能顺利落入模块孔中，需要对 $\Phi D1$ 孔的上边缘倒圆角，而下胶囊体直径小于 Φd ，以保证胶囊体能顺利通过上模块孔进入下模块中。

② 下模块

下模块与上模块成对使用，相互配合。下模块的尺寸结构如图 6.18 所示。

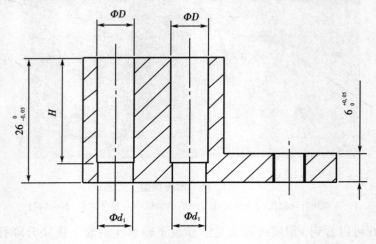

图 6.18　下模块结构

如图 6.18 所示，与上模块一样，下模块相邻孔中心距的绝对尺寸为 12mm，同时要保证 $\Phi d \cong \Phi D$ 及 ΦD 大于胶囊体直径大于 Φd_1 ，即胶囊下体很顺利进入下模块，但不能通过下模块。ϕD 孔的上边缘不能倒圆角，以保证胶囊锁合时，体和帽对中，H 因胶囊型号不同而不同。如 0# 胶囊，其对应的 $H = 20$mm，为最大值。

由上述可知，模孔的大小依据胶囊型号的尺寸确定，模块可以依据不同的胶囊型号设计成不同的尺寸。图示的 ΦD ，$\Phi D1$ ，$\Phi D2$ ，Φd ，Φd_1 的尺寸均由标准确定。

利用 Pro/E 构建上模块模型如图 6.19 所示。

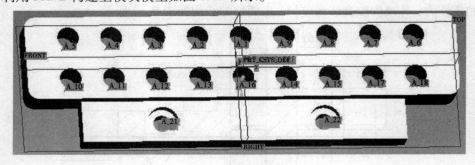

图 6.19　上模块模型

模块在使用过程中，要求上、下模块配合使用。上下模块在高速间歇回转过程中，要求模块孔的位置精度很高。目前，国内外采用普通加工方法，由于加工技术水平以及所采用的定位基准方法很难保证充填机模块孔的位置精度。因此，在上、下模块孔加工过程中，如何保证上、下模块孔的位置精度；为保证上、下模块相对应的孔的轴心线的同轴度精度，发明了一种可以保证上下模块孔的位置精度的模块胎具，如图 6.20 所示[21]。

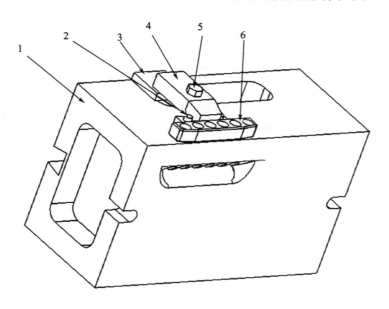

图 6.20　加工模块孔胎具结构

1—胎具体；2—定位销；3—垫铁；4—压板；5—紧固螺钉；6—模块

图 6.20 中，加工模块孔时，将模块胎具体 1 安装在坐标镗床上，用百分表调整基准位置，然后固定在坐标镗床工作台上；用定位销 2 将上模块/下模块 6 固定在胎具体 1上，并过垫铁 3、压板 4 和紧固螺钉 5 锁紧上模块/下模块 6。由于胎具体上的模块定位孔与上模块或下模块的中心线重合，保证上、下模块加工过程中的相对应孔中心的同轴度，并提高了加工效率。

（4）盖板

盖板的作用是安装上模块，固定滑座弹簧孔，保证弹簧具有一定的反作用力，其结构如图 6.21 所示。

转塔上的上模块是安装在盖板上的，上模块是调整下模块位置的基准。为了保证上模块与下模块在特定工位的精确度，盖板上的十对定位销是保证在更换或维修时位置准确。因此，十对定位销 2 在加工及安装过程中要严格按照设计要求加工及安装以保证定位的精确性，紧固螺孔 3 的作用是将定位的上模块锁紧。

（5）花笼

花笼是整个转塔机构的支架，花笼随间歇机构运动，带动上模块、下模块做相对运动。花笼是转塔机构的核心，其模型如图 6.22 所示。

图 6.22 中，花笼的材料一般用硬铝铸成，以减轻其重量，为了提高其强度，设置有加强筋 1。转塔的间歇运动是通过紧固螺孔 4 与间歇机构的法兰相连接以实现运动。一般紧固螺孔 4 为椭圆孔，以便调整花笼与法兰盘的相对角度。滑块在花笼的滑块通道 7中随盘凸轮的凹槽运动，需满足径向滑动要求，十组滑块机构顺序完成模块的推程、远

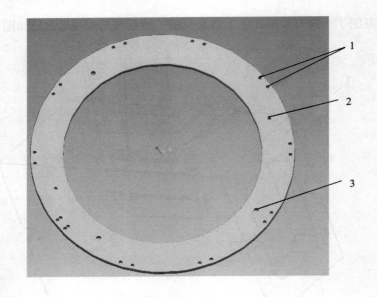

图 6.21 盖板模型

1—模块定位销；2—盖板定位销；3—紧固螺孔

图 6.22 花笼模型

1—加强筋；2—导柱孔；3—弹簧孔；4—紧固螺孔；5—螺孔；6—定位孔；7—滑块通道

休止、回程、近休止。导柱孔 2 是固定两根导柱，以保证滑架总成沿其运动带动下模块的升降运动。弹簧孔 3 中的弹簧保证滑架总成在轴向下降时为其提供一个向下的推力，使得滚子始终与盘凸轮外沿接触。

6.2.2 转塔机构模型

通过对转塔机构各个零件建立模型，得到转塔机构的模型如图 6.23 所示。

(a)

(b)

图 6.23 转塔机构模型

1—盖板；2—滑块；3—花笼；4—上模块；5—下模块；6—滑座；7—盘凸轮外沿；8—输入轴

图 6.23(a)为转塔模型的俯视图，图 6.23(b)为转塔机构模型的仰视图。由图 6.23 可以看到，上模块 4 安装在盖板 1 上随盖板运动。因此，只要下模块相对上模块运动，就能实现下模块与上模块的分离与合并。下模块 5 安装在滑块 2 的 T 型杆上，下模块所需要的所用运动都是通过滑块 2 和滑座 6 的运动实现。

6.3 转塔机构动力学分析

转塔机构是柱塞式胶囊充填机的核心机构之一，由于其运动复杂：下模块做轴向、径向运动,并需与其他机构运动相匹配;整个转塔机构做间歇运动导致机构瞬时惯性力大,影响设备使用寿命和装药精度,因此,有必要分析转塔的运动特性、优化其结构、改善其运动特性。

6.3.1 转塔机构动力学仿真参数设置

转塔机构中的盘凸轮为固定件,下模块组的滚子与盘凸轮的外沿接触,导杆与支撑环的竖直孔通过轴承与支撑环配合,下模块组的滚子内嵌在盘凸轮的凹槽导轨中,模块组的杆与支撑环的径向孔通过轴承与支撑环连接。当间歇机构带动支撑环做间歇回转运动时,上、下模块组会随着盘凸轮导轨的轮廓曲线发生相对位置的变化。基于前面利用Pro/E 所建立的装配模型,利用其装配模型如图 6.24 所示。

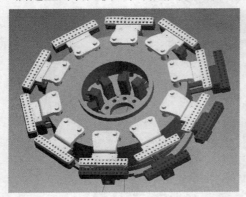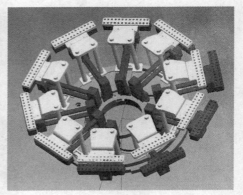

图 6.24　Pro/E 中转塔机构模型及局部细节

图 6.24 中表达转塔机构装配的局部细节,由于其对于导入 ADMAS 进行运动仿真影响较大,特别是滚子与盘凸轮导轨的接触,若在装配中零件的相对位置不准确,可能会导致运动仿真的失败或者达不到仿真的要求。因此,在 MECH/Pro 中将各零部件设置为刚体,然后导入 ADAMS 中添加约束和驱动。盘凸轮与大地为固定副 Fixed Joint,支撑环添加转动副,重要的是上、下模块的设置,滚子与模块上方为转动副 Revolute Joint,滚子与盘凸轮施加体与体的 Contact,模块的杆与花笼的孔施加移动副 Translational Joint,总之在模型中施加的 Revolute Joint 为 21 个,Translational Joint 为 40 个,Fixed Joint 为一个,Contact 为 20 个,设置后的模型如图 6.25 所示。

设置约束之后还需要加载运动。运动将直接加载到支撑环的转动副上,由于间歇机构带动花笼做间歇回转运动,下面给出一个模拟间歇回转运动的 STEP 函数作为驱动,其函数如下:

STEP(time, 0, 0d, 0.1, 0d) + STEP(time, 0.1, 0d, 0.3, 36d) + STEP(time, 0.3, 0d, 0.5, 0d) + STEP(time, 0.5, 0d, 0.7, 36d) + STEP(time, 0.7, 0d, 0.9, 0d) + STEP(time, 0.9, 0d, 1.1, 36d) + STEP(time, 1, 0d, 1.3, 0d) + STEP(time, 1.3, 0d, 1.5, 36d) + STEP(time, 1.5, 0d, 1.7, 0d) + STEP(time, 1.7, 0d, 1.9, 36d) + STEP(time,

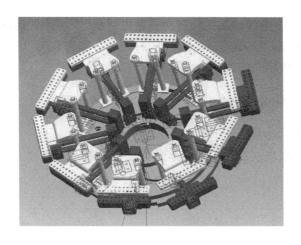

图 6.25 ADAMS 中施加约束的转塔机构模型

1.9，0d，2.1，0d）+STEP(time，2.1，0d，2.3，36d)+STEP(time，2.3，0d，2.5，0d)+STEP(time，2.5，0d，2.7，36d)+STEP(time，2.7，0d，2.9，0d)+STEP(time，2.9，0d，3.1，36d)+STEP(time，3.1，0d，3.3，0d)+STEP(time，3.3，0d，3.5，36d)+STEP(time，3.5，0d，3.7，0d)+STEP(time，3.7，0d，3.9，36d)+STEP(time，3.9，0d，4.0，0d)

以上为转塔机构转动一周的运动函数，通过 Modify，将函数输入 MOTION 中，仿真的时间 time 设置为 4s，步数设置为 100。时间与步数的设置很关键，在仿真过程中需要不断地调试和修正。设置完成后便可以进行运动仿真，由运动过程可以看到上、下模块的相对位置的变化。运动仿真完成后，点击 Review，调出控制面板，通过 time 的设置，可以观察不同时间点模块的变化。如图 6.26 所示。

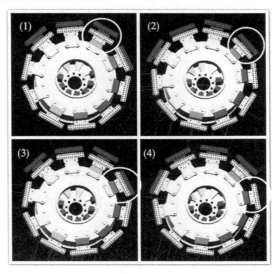

图 6.26 转塔机构在 0 ~0.2s 内的运动仿真

由图 6.26 看到，图中为转塔机构转动一个工位也即 36°内的运动情况，图 6.26(1)、图 6.26(2)、图 6.26(3)、图 6.26(4)对应的时间点分别为 0，0.15，0.3，0.55s，线框标示出一个工位上、下模块的位置变化。

6.3.2 转塔机构动力学分析

（1）下模块轴向运动动力学分析

通过仿真得出下模块在盘凸轮轴向运动方向上位移、速度以及加速度的曲线，分别如图 6.27 ~ 图 6.29 所示。

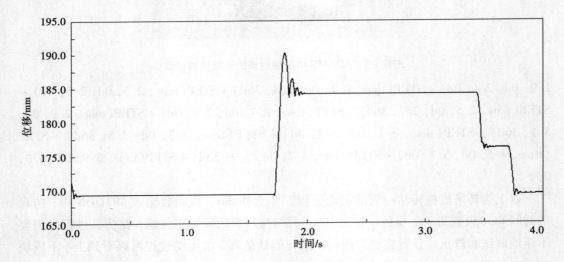

图 6.27　下模块轴向位移曲线

图 6.27 中最上的平行线代表模块处在盘凸轮的外缘导轨的较高的一侧，最下的平行线表示下模块处在盘凸轮的外缘导轨的较低的一侧，过渡段处于下降或上升的过程。

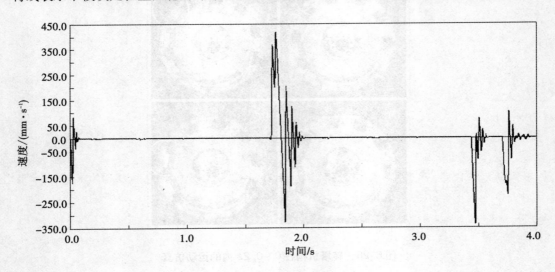

图 6.28　下模块轴向速度曲线

图 6.28 为下模块的轴向速度曲线，除了在上升或下降的过程中会发生速度的跳跃或突变外，其他段内始终处于较低的变化范围。

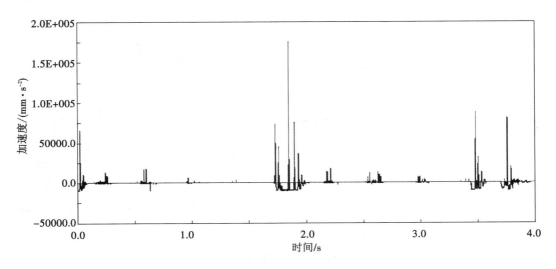

图 6.29　下模块轴向加速度曲线

由于下模块的滚子与盘凸轮施加的位移体碰撞，由于转塔机构是以十工位的间歇机构为研究对象，因此碰撞过程中势必会引起加速度的时刻变化，这也是现实与理论的差距所在。

（2）下模块径向动力学分析

通过仿真得出下模块在径向运动方向上位移、速度以及加速度的曲线，分别如图 6.30 至图 6.32 所示。

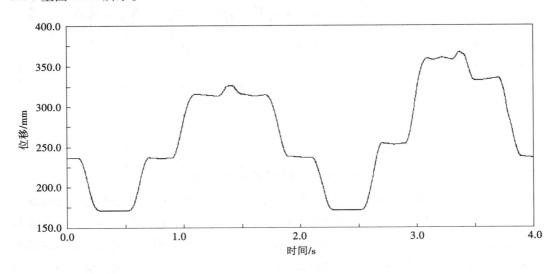

图 6.30　下模块径向位移曲线

下模块组相对盘凸轮在做转动的同时在径向移动，测量时以使用的坐标系为柱面坐标系，测得径向方向上的数据，图 6.30 为柱面坐标系下，下模块组相对支撑座孔径向的位移变化。

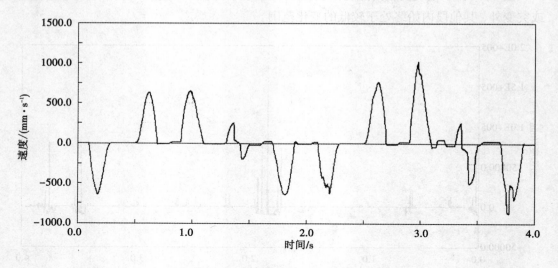

图6.31　下模块径向速度曲线

由图6.31可以看出，下模块径向速度有波动，有尖点。速度变化波动频繁，这是由于下模块做径向伸缩运动时，速度由最大值变为零，由零变为反方向最大值。

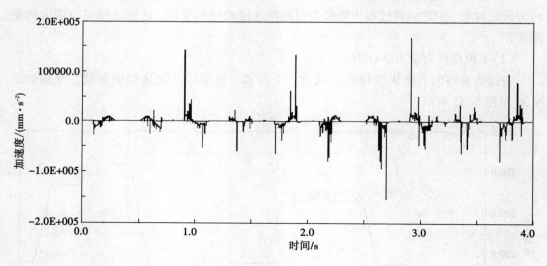

图6.32　下模块径向加速度曲线

由图6.27至图6.32中可以看出，下模块的轴向、径向位移变化与凸轮的导轨曲线轮廓基本一致，而速度与加速度则表现出不规则的曲线变化，有突变和尖点。一方面与施加的碰撞约束的设置有关，不同材料碰撞的刚度系数、阻尼系数、定义全阻尼时的穿透值、瞬间法向力中材料刚度值等会造成不同的运算结果；另一方面由间歇机构的运动方式所致，间歇转动造成静止及运动瞬间的速度以及加速度的突变。为减少惯性力，花笼材料采用硬铝制造。

第7章　选囊和分囊机构运动分析

7.1　选囊机构组成及运动原理

7.1.1　选囊机构组成

（1）选囊机构组成

选囊机构是柱塞式胶囊充填机的重要组成部分之一，其作用是将胶囊料斗中杂乱无章的胶囊按照一定的顺序输送到选送叉总成中，经过胶囊导槽、胶囊拨叉、选送叉头的作用，使胶囊体在前、帽在后往前输送，其组成结构如图7.1所示。

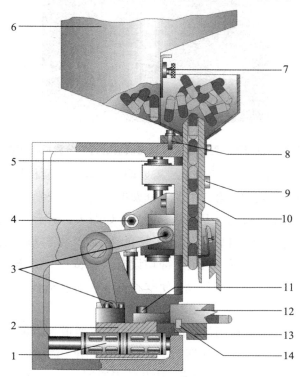

图7.1　选囊机构结构

1—直线轴承；2—拨叉滑块；3—滚动轴承；4—关节轴承；5—直线轴承；6—胶囊料斗；7—螺母旋钮；
8—紧固螺栓；9—紧固螺钉；10—选送叉总成；11—紧固螺钉；12—胶囊拨叉；13—胶囊导槽；14—紧固螺钉

由图 7.1 可以看出，杂乱无章的空心胶囊装在胶囊料斗 6 中，通过螺母旋钮 7 控制料斗中胶囊的输出量。胶囊料斗 6 通过紧固螺栓 8 固定在框架上，选送叉 10 由紧固螺钉 9 固定在活动板上，活动板经直线轴承 5 由关节轴承 4 联接。滚动轴承 3 驱动活动板做直线运动带动选送叉总成 10 做直线往复运动，并带动拨叉滑块 2 做水平往复直线运动。拨叉滑块 2 带动选送叉使得胶囊导槽 13 中的胶囊以囊体在前、囊帽在后向前运动。胶囊拨叉 12 与选送叉总成 10 交替运动将胶囊导槽中的胶囊叉送到模块的正上方。

胶囊选送部件的更换程序如下：

① 松开胶囊料斗前面的两个螺钉，向下取出挡板；

② 用手旋转主电机手轮，使选送叉运行到最高位；

③ 拧下选送叉部件的两个紧固螺钉，并将选送叉拨离两个定位销，慢慢取下；

④ 拧下固定胶囊导槽的两个螺钉，取下胶囊导槽；

⑤ 拧下拨叉上面的紧固螺钉，取下拨叉；

⑥ 将更换的胶囊分送部件按相反顺序装上，并拧紧固定螺钉即可。

在实际应用中，NJP2000 型柱塞式胶囊充填机的选囊分囊机构如图 7.2 所示。

图 7.2　NJP2000 型柱塞式胶囊充填机的选囊分囊机构实物图

图 7.2 中，由于上、下模块为两排孔，需要两个选囊和分囊机构，第一个选囊分囊机构将胶囊放进模块的前排孔内，第二个选囊分囊机构用于将胶囊放进模块的后排孔内。

空胶囊输送机构主要部件之一是选送叉总成，如图 7.3 所示。由竖直叉、卡囊簧片、压簧、簧片架、囊斗、竖直落囊槽板等组成，胶囊料斗的下部与落囊槽板相通，落囊槽板内部设有数排矩形胶囊通道，每一通道下部均设有卡囊簧片。机器在启动运转后，落囊槽板在传动机构带动下做上下往复滑动，使空胶囊进入落囊槽板的矩形槽内，并在槽内排列。

图 7.3 中，卡囊弹片 1 的作用是将落囊槽板的胶囊通道临时关闭。当落囊槽板向下运动碰到卡囊弹片的开关时，促使弹簧架 2 旋转一定角度（该角度可根据胶囊型号以及下囊状态进行调整），卡囊弹片松开胶囊，让开胶囊通道，使得胶囊在重力作用下由下部出口落入到胶囊导槽中，卡囊弹片保证选送叉每往复运动一次，每个槽只允许一粒胶囊通过。由落囊槽板排出的空胶囊有的帽在上，有的帽在下，依次落入定向装置的胶囊导

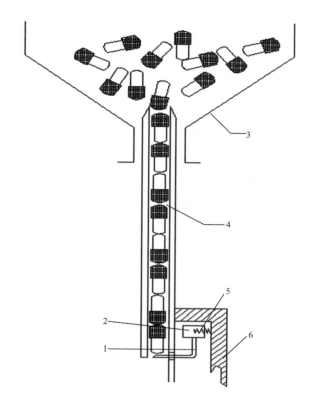

图 7.3　选送叉总成机构

1—卡囊弹片；2—弹簧架；3—胶囊斗；4—选送叉板；5—压簧；6—选送叉头

槽中。选囊机构中，选送叉每往复一次下囊的粒数由限位开关和卡簧决定，其结构如图 7.4 所示。

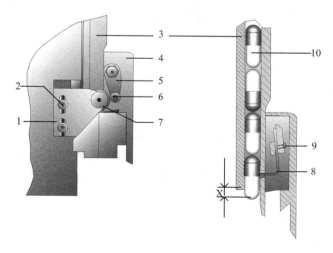

图 7.4　下囊机构调整

1—限位块；2—紧固螺钉；3—选送叉；4—叉头；5—拨板；6—轴承；7—限位轴；8—卡簧弹片；9—螺钉；10—胶囊

图7.4所示的下囊机构，保证一个胶囊通道每次只下一粒胶囊，选送叉3在选囊凸轮、连杆机构的作用下做直线往复运动，并带动拨板5、轴承6做直线运动，限位轴7安装在限位块1上，限位块的位置和角度由两个紧固螺钉2确定，当选送叉运行到下方时，拨板上的轴承会撞在限位块上的限位轴7，使卡簧弹片8抬起放下胶囊，当选送叉升起时，卡簧弹片8又卡住胶囊，因此，调整限位块1的位置时控制卡囊弹片8开合时间的关键。卡簧弹片的开合时间必须保证每次从选送叉槽内排出一粒胶囊为准。

限位块的调整方法：先将选送叉旁边的限位块的紧固螺钉松开，使选送叉向下运行一次只能排出一粒胶囊，并把其余胶囊扣留在图示位置，一般，$x = 2 \sim 4\text{mm}$ 为理想值，调整好限位块1的位置和角度后将紧固螺钉2旋紧即可。

（2）选囊机构传动

电机通过链条带动主传动轴上选囊凸轮旋转，通过连杆、滚子等带动选囊所需要的直线运动，其传动简图如图7.5所示。

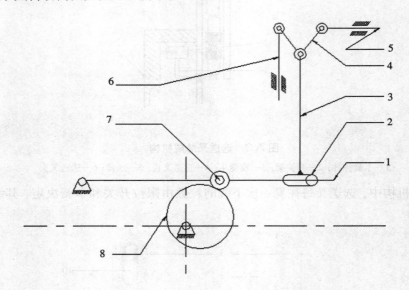

图7.5 选囊机构传动简图

1—连杆；2—套管；3—竖直推杆；4—三角臂杆；5—拨叉；6—选送叉总成；7—滚子；8—选囊凸轮

由图7.5中可以看出，选囊机构中选送叉的竖直运动以及拨叉的水平运动均由选囊凸轮通过连杆机构实现。选囊凸轮8转动时，通过滚子7带动连杆1往复摆动，通过连杆上的套管的相对滑动，将连杆1的摆动转换成选送叉总成6的上下往复直线运动，并带动三角臂杆4绕其中心摆动，三角臂杆另一端连接着拨叉5，进而同时实现了水平和竖直两个方向的直线运动。将胶囊的竖直输送转变成水平输送，通过拨叉与胶囊导槽的作用，使得胶囊体在前、帽在后向前输送。

7.1.2 选囊机构作用原理

选囊机构的作用是将胶囊料斗中杂乱无章的胶囊进行排序，即保证胶囊体进入下模块，胶囊帽进入上模块。由于在选送叉总成胶囊通道内的胶囊，有的是体在下、帽在上，有的是体在上、帽在下，要想保证体、帽分别准确地进入上、下模块中，必须保证在进入模块之前的胶囊体在下的状态，因此需要对导槽内的胶囊进行定向处理，其原理如图7.6 所示。

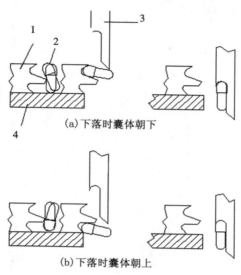

(a)下落时囊体朝下

(b)下落时囊体朝上

图 7.6　胶囊定向处理原理

1—拨叉；2—空心胶囊；3—叉头；4—胶囊导槽

选囊定向原理应用得很巧妙，由于胶囊帽的直径大于胶囊体的直径，而导槽的槽宽小于胶囊帽的直径而大于胶囊体的直径，即胶囊帽在导槽内运动时与导槽壁有摩擦，而胶囊体在导槽内运动时与导槽壁无摩擦。如图7.6(a)所示的胶囊帽在上、体在下的状态，由于胶囊导槽4是静止的，拨叉1在胶囊导槽内水平移动，拨叉1的中间顶尖位于胶囊2中间位置并先触及胶囊2，由于囊帽与导槽壁有摩擦，在拨叉顶尖的作用下，促使胶囊逆时针转动，并在拨叉1作用下在导槽内水平右移，即胶囊体在前、帽在后向右运动。当运动到一定位置时，拨叉退回，此时，叉头3向下开始运动，将胶囊冲下落入模块中；当胶囊帽在下、体在上时，如图7.6(b)所示，同理，在拨叉向右推动过程中，胶囊将做顺时针转动，也保证胶囊体在前、帽在后向右运动。当运动到一定位置时，拨叉退回，此时，叉头3向下开始运动，将胶囊冲下落入模块中。

7.2　分囊机构组成及作用原理

胶囊体、帽分离主要依靠真空吸力，转塔每运转一个工位，真空分离器就上下动作一次，只要能保证真空分离器与每个下模块接触严密就可以，一般不必调整。其结构如图7.7所示。

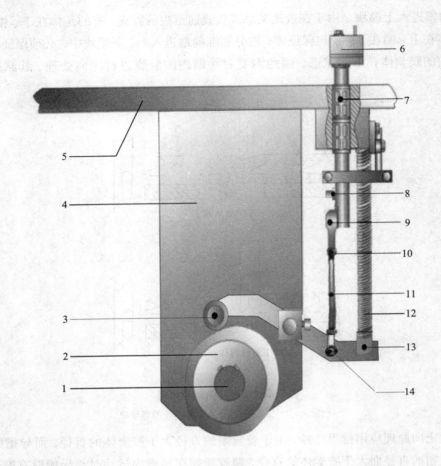

图7.7　分囊机构组成

1—主传动轴；2—真空分离凸轮；3—滚子轴承；4—支撑板；5—工作台；6—真空分离器；7—直线轴承
8—真空接口；9—关节轴承；10—锁紧螺母；11—调整螺杆；12—弹簧；13—支撑；14—关节轴承

图7.7中，电机通过链轮、链条机构传动主传动轴1回转，带动其上真空分离凸轮2回转。弹簧12的作用使滚子轴承3在真空分离凸轮表面保持接触，凸轮的回转带动连杆摆动，通过关节轴承9、14及调整螺杆11带动真空分离器6做直线往复运动。螺杆11的作用是保证凸轮在高点位置时真空分离器6与下模块的下表面接触。

当需要调整真空分离器位置时，用手扳动主电机手轮，使真空分离器升到最高点。松开机器台面下的调整螺杆11两端的锁紧螺母（左、右螺纹），旋转调整螺杆11以调整真空吸座的高度。调整好高度后锁紧螺母，再复验一次，直到位置合适。另外，真空吸座上的胶囊顶杆按不同的胶囊规格进行调整，方法是拧掉紧固螺栓，卸下真空吸座，拧掉下面的螺钉，卸下托板并按照如表7.1所示增加或减少垫片数量，然后按照原位再重新安装即可。

表 7.1　　　　　　　　　　　胶囊型号与加垫片数量

囊号	垫片数量/个
00	2
0	2
1	1
2	0
3	0
4	0

真空分离器 6 所需要的真空来自真空发生装置，其结构如图 7.8 所示。图 7.8 中真空管 6 与图 7.7 中的真空接口相连，真空泵所产生的真空由管路传递到真空分离器中。

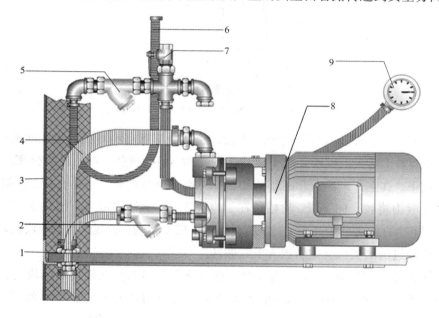

图 7.8　真空发生装置

1—进水管；2—过滤器；3—机架；4—排气管；5—过滤器；6—真空管；7—调节阀；8—水环真空泵；9—压力表

由图 7.8 可以看出，真空发生装置主要由电机、真空泵、管路等组成，利用水循环产生空气负压。为保证分囊所需要的压力，要求使用洁净的水，进水需要有过滤器 2，产生的负压气流也需要经过滤器 5 以保证气体洁净。真空泵所需要的水量不大，可以自带一个水桶，可用截止阀调整水流量。真空度也可用调节阀 7 调节所需要的压力，真空度的大小由压力表 9 显示。一般分囊所需要的压力在 −0.04 ～ −0.08MPa，以保证胶囊能分离又不损坏胶囊。

胶囊经过选囊机构作用之后，以囊体在前、囊帽在后的状态往前输送，在选送叉头作用下，竖直地送入上模块孔中。上模块孔为阶梯孔，需要满足：胶囊帽的直径小于上模块的大孔直径、大于上模块的小孔直径；胶囊体的直径小于上模块的小孔直径，而且还需要满足：胶囊体直径小于下模块大孔直径并大于下模块小孔直径，如图 7.9 所示。

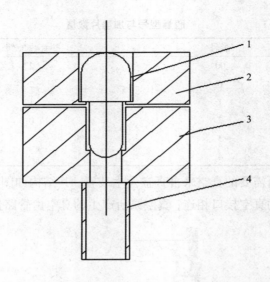

图7.9　囊体囊帽分离过程

1—空心胶囊；2—上模板；3—下模板；4—真空分离器

如图7.9所示，在胶囊体、帽分离工位，上模块与下模块对应的模孔轴心线重合。此时，空心胶囊1落入上模块2和下模块3的孔中，但胶囊体、帽还没有分离。在分囊凸轮的作用下，真空分离器上升逐渐靠近下模块的下表面直至完全贴合后，并触发真空分离器产生吸力将胶囊向下吸，囊帽留在上模块2中，囊体被吸入下模块3中，从而实现分囊的过程，自此之后的几个工位，胶囊帽随上模块运动，胶囊体随下模块运动，直到胶囊输出后经过清洁工位又重新进入下一循环。

胶囊体、帽分离主要依靠真空分离器，真空分离器向上移动靠近下模块时，利用真空负压将囊体吸入下模块中，其运动由分囊凸轮连杆机构完成。如图7.10所示。

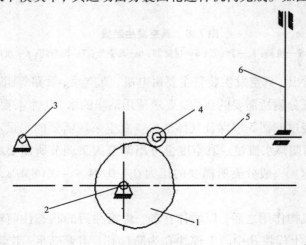

图7.10　分囊机构传动运动简图

1—分囊凸轮；2—主轴；3—支点；4—滚子；5—连杆；6—分离器连杆

由图 7.10 可以看出，电机通过链条带动主轴 2 回转，并带动主轴 2 上的分囊凸轮 1 一同回转。滚子 4 安装在连杆 5 上，分囊凸轮 1 回转，通过滚子 4 带动连杆 5 绕支点 1 作摆动。连杆 5 的摆动带动分离器连杆 6 的往复移动。分离器连杆 6 的另一端安装真空分离器，真空分离器通过管路与真空泵相连接。分囊凸轮每回转一周，真空分离器贴近下模块一次，完成胶囊一次分离任务。

7.3　选囊和分囊机构模型

7.3.1　选囊机构模型

（1）胶囊导槽

胶囊定向过程是通过胶囊导槽来实现的，即当胶囊通过选送叉板孔道掉落到导槽中时，拨叉的最前端推在胶囊的中间位置，总能将胶囊囊体朝前推出。利用 Pro/E 建立胶囊导槽的模型结构如图 7.11 所示。

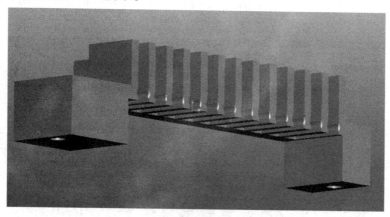

图 7.11　胶囊导槽的模型图

图 7.11 中，当选送叉总成的卡囊弹片松开时，选送叉板孔槽中的胶囊正好落入胶囊导槽的圆弧形孔中（圆弧直径大于胶囊帽直径）。胶囊导槽宽度小于圆弧直径，即导槽宽度略大于胶囊体直径而小于胶囊帽直径，使得导槽对胶囊帽具有夹紧作用，而与囊体并不接触；另外，结构上保证拨叉的最前端始终作用在胶囊的中部。因此，当拨叉板推动胶囊运动时，拨叉与导槽对囊帽的摩擦力形成一个力偶矩，随着拨叉的推动，就发生了胶囊在水平方向上的定向，使囊体朝前地被水平推到导向板的前边缘。

（2）拨叉

拨叉与胶囊导槽配合完成了胶囊的定向功能。胶囊导槽位置固定不动，柱塞式胶囊充填机导槽的间距一般为 12mm，拨叉的间距也同样为 12mm。为保证拨叉能将导槽中的胶囊定向，拨叉需要在导槽的槽内运动，故拨叉的宽度要小于导槽的槽宽。其结构如图

7.12 所示。

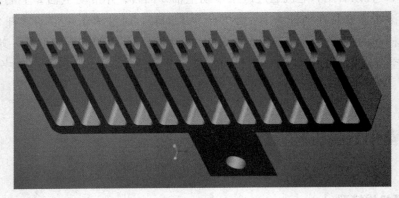

图 7.12　拨叉模型图

（3）选送叉头

选送叉头是与选送叉板装配在一起的，选送叉头与选送叉板之间的距离等于胶囊导槽中滑槽的长度，而选送叉板槽中的胶囊又需要卡簧片来控制胶囊的下落情况。卡簧片组件安装在选送叉板槽孔的下端，选送叉头安装在选送叉板槽孔的下端。其结构如图7.13 所示。

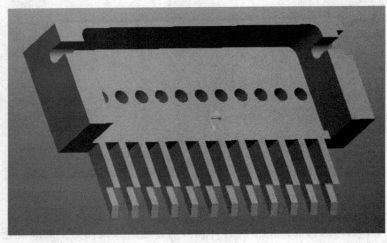

图 7.13　选送叉头的模型图

在图 7.13 中，为节省空间，将弹簧片组件安装在选送叉板槽与选送叉头之间。这样既可以解决弹簧片架子的支撑问题，还有效利用了空间。将弹簧片组件安装在两者之间，只需把选送叉头的上面设计成一个空槽，两边开轴孔作为弹簧片的支撑架安装弹簧片组件。考虑到选送叉头与拨叉运动的配合，选送叉头的高度与空心胶囊的高度相当，选送叉头的圆弧形状及角度与胶囊的囊帽形状相吻合以保证胶囊运动的稳定。

（4）选送叉板

选送叉板是输送胶囊的通道，将胶囊料斗中杂乱无序的空心胶囊按轴线方向有序地分批次输送到胶囊导槽的圆形孔中。其结构如图7.14 所示。

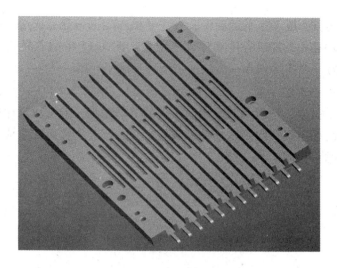

图 7.14　选送叉板模型图

由图 7.14 知，胶囊通道过于细长，难以通过钻孔的方法进行加工。实际应用中是将两块板组合在一起，其中一块板的结构如图 7.14 所示。另一块板是平板，利用螺钉将其与选送叉板紧固在一起，使得胶囊通道成为一个方形通道。通常，选送叉板的沟槽采用铣刀加工，效率高，精度高。为了保证通道的光滑，加工完的沟槽通常需要抛光处理，去除毛刺，提高沟槽表面的光洁度；为方便观察空心胶囊在选送叉板沟槽内的下落情况，在每个孔道中设计观察窗口；在选送叉板的下端设计挡片孔以保证卡囊弹簧片伸入孔道中挡住胶囊。

（5）三角臂

拨叉的水平运动与选送叉总成的竖直运动是通过三角臂实现的。两个臂之间的夹角为 90°，其结构如图 7.15 所示。

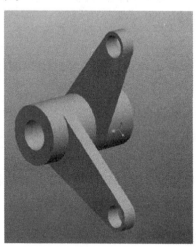

图 7.15　三角臂模型图

由前述分析可知，拨叉水平运动将胶囊在导槽内定向输送，选送叉头竖直运动将定向的胶囊冲入模块孔中，其核心传动件即三角臂。图 7.15 中的三角臂的一端连接到竖直运动的滑板，另一端连接到水平滑块上带动拨叉水平运动。

（6）选囊凸轮

三角臂的摆动是通过选囊凸轮旋转而实现的。凸轮半径的变化规律同步映射到三角臂的运动规律。既确定拨叉水平运动动程及规律，也确定了选送叉总成竖直运动动程及规律。选囊凸轮结构如图 7.16 所示。

图 7.16　选囊凸轮实体图

7.3.2　分囊机构模型

分囊机构的主要部件为真空分离器，将真空泵产生的负压，通过管道传送给模块，促使胶囊的体、帽在模块内分离。

（1）真空分离器

为保证真空分离器的足够负压作用，要求其封闭性能好。真空分离器的结构如图 7.17 所示。

当空胶囊被选送叉头冲入模块孔中时，真空分离器上升，其上表面与下模块的下表面贴严。此时，由真空电磁阀将真空管路接通，负压作用将胶囊体吸入下模块中。

（2）分囊凸轮

真空分离器的直线运动是通过分囊凸轮实现的，分囊凸轮的结构如图 7.18 所示。

分囊凸轮的动程是由真空分离器直线动程要求确定的。

7.3.3　选囊、分囊机构部件装配模型

（1）选囊、分囊机构装配模型

对以上构建的零件模型进行装配，得到柱塞式胶囊充填机选囊、分囊机构主要结构

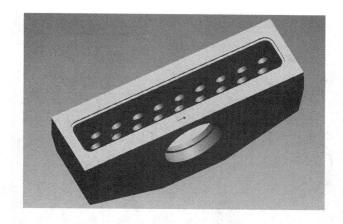

图 7.17   真空分离器模型图

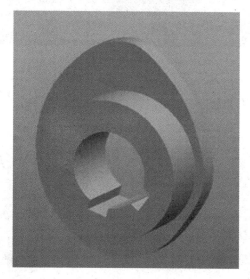

图 7.18   分囊凸轮模型图

装配模型如图 7.19 所示。

如图 7.19 所示，选囊及分囊机构主要由传动组件 1、大板 2、分囊组件 3、选囊组件 4、胶囊料斗 5 等组成。其中传动组件主要由主传动轴、凸轮、连杆、弹簧等组成；分囊组件主要由真空分离器、真空泵、真空管路、电磁阀、传动组件等组成；选囊组件主要由导槽、拨叉、选送叉总成、传动组件等组成。各组件相互配合完成相应的功能。

（2）选囊、分囊机构传动组件装配模型

选囊、分囊机构的运动离不开传动部件。传动组件装配模型如图 7.20 所示。

如图 7.20 所示，选囊凸轮 3 与分囊凸轮 1 均通过抱键由紧固螺钉固定在主传动轴上，与主传动轴同步运动。为了拆装方便，将每个凸轮都设计成剖分式结构，用螺栓将其连接起来。分囊机构的传动原理：分囊凸轮 1 的转动通过滚子带动分囊连杆 11 运动，弹簧一端与分囊连杆相连，另一端固定在大板上，使得滚子始终与分囊凸轮接触，以保

图 7.19　选囊及分囊机构模型装配

1—传动组件；2—大板；3—分囊组件；4—选囊组件；5—胶囊料斗

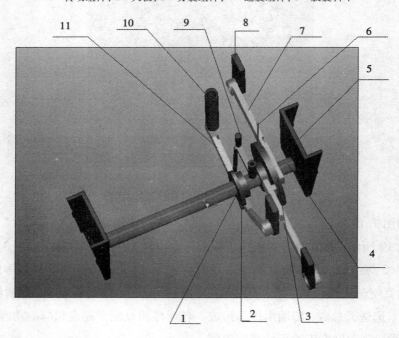

图 7.20　选囊、分囊机构传动组件装配模型

1—分囊凸轮；2—滚子；3—选囊凸轮；4—主轴；5—支撑板；6—选囊连杆；

7—选囊摆臂；8—支撑板；9—分囊竖直传动杆；10—弹簧；11—分囊连杆

证运动轨迹准确。分囊竖直传动杆 9 与分囊连杆 11 相连，并与真空分离器联接，这样就实现了分囊机构的整个运动过程。

（3）选囊、分囊机构实体装配模型

由上述对选囊、分囊机构主要零部件建模之后进行实体装配，得到如图7.21所示的模型装配图。

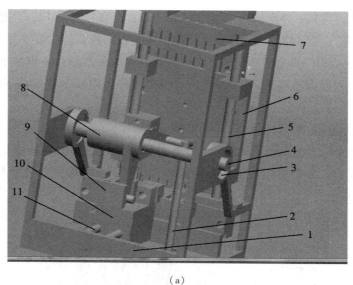

（a）

（b）

图7.21　选囊、分囊机构模型装配图

1—框架；2—选囊杆；3—轴承；4—拨叉轴；5—竖直杆；6—活动块；7—选送叉板；
8—三角臂；9—水平座；10—滑块；11—横杆；12—工作台；13—真空杆；14—真空分离器；
15—下模块；16—上模块；17—叉头；18—胶囊漏斗；19—拨叉；20—胶囊导槽

由图7.21（a）可知，整个选囊机构是固定在框架1上，而框架1则安装在工作台12上。选囊凸轮回转运动通过摆臂传递给选囊杆2做往复移动，带动三角臂8圆弧摆动，三角臂一端推动拨叉 19 前后移动，另一端带动活动块 6 沿竖直杆上下往复移动，从而带动选送叉板 7 上下移动。拨叉 19 将胶囊导槽 20 内的胶囊向前推出，由叉头 17 将胶囊冲入模块孔中。

由图 7.21(b)可知，分囊机构主要由真空杆 13、真空分离器 14、下模块 15、上模块 16、分囊凸轮、滚子等零件组成，其作用是将模块孔中的胶囊体、帽分离。胶囊体、帽分离时，真空杆 13 上升，真空系统接通，真空分离器上表面紧贴在下模块的下表面。在真空吸力的作用下将胶囊体吸入下模块 15 中，囊帽留在上模块 16 中，从而使空心胶囊完成体、帽分离。

（4）胶囊充填机选囊、分囊机构装配模型

NJP2000 型柱塞式胶囊充填机选囊、分囊机构装配位置需要与转塔机构中的模块相关位置要求相符合，分囊机构在工作台上的位置应可调，以保证分囊容易实现，其位置关系如图 7.22 所示。

图 7.22　NJP2000 型柱塞式胶囊充填机选囊、分囊机构装配模型

选囊、分囊运动决定着胶囊的上机率和生产效率，在生产过程中起着很重要的作用。为保证胶囊充填的效率，首先要保证胶囊的上机率。保证胶囊上机率需要注意以下几点要求：

① 选用质量较好的空胶囊，空胶囊具有多种规格，并具有较规范的参数规定及技术要求，上、下模块中阶梯孔需要用同一把镗刀以保证同轴度，其技术要求要满足相应型号胶囊的几何尺寸要求。

② 真空泵产生的真空度要合适。如果负压值过小，则胶囊体、帽不能被分离；如果负压值过大，造成胶囊跳出或损伤。

7.4 选囊机构运动分析

7.4.1 选囊机构仿真模型建立

（1）选囊凸轮连杆机构建模

选囊凸轮是选囊机构的动力源，其运动特性决定分囊效果。图 7.23（a）选囊凸轮连杆机构的工作原理，主传动轴与选囊凸轮通过抱键联接，电机通过滚子链将转动传递到主传动轴上，主传动轴带动凸轮转动，凸轮将转动转换为连杆 L3 的摆动，连杆 L3 通过连杆 L2 将摆动转化为连杆 L1 的上下往复运动。最终 L1 的运动平稳性将直接影响选囊的运动性能。

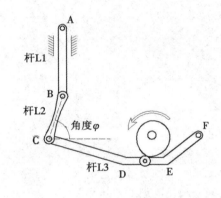

（a）

（b）

图 7.23 选囊凸轮连杆机构简图

从图 7.23（a）原理图中可以看出，杆 L1、杆 L2 的长度以及角度 φ 大小的改变是杆 L1 运动性能的影响因素，所以需要对凸轮连杆机构进行参数优化，找出杆 L1 运动速度、加速度优良时的连杆机构的具体尺寸和位置。

由于在 ADAMS 中，刚体的结构对接触运动影响较大，为了得到较准确的数据，在

Pro/E 中重新建立比较简洁的凸轮连杆机构如图 7.23(b)所示，由于其他零件对本次参数优化不产生影响，所以只将选囊凸轮和对应的连杆导入到 ADAMS 中。通过 Pro/E 与 ADMAS 的接口 MECH/Pro 可以方便地导入 ADMAS 中去。为了便于参数化建模，在导入 ADAMS 后会重新建立一个连杆与导入的连杆 L2 固定在一起。导入杆 L2 是为了与凸轮接触，得到相对真实的运动，新建连杆是为了满足参数化建模的需要，参数化后杆 L2 的长度和与水平面的夹角都可以变化。

先在 Pro/E 中利用 MECH/Pro 对凸轮机构创建两个 Rigid Bodies，并设置好颜色以仿真区分。设置 MARKER 后点击 Interface—ADAMS/view—Only Write Files—Done/Return—OK 导入 ADAMS 中，如图 7.24 所示。

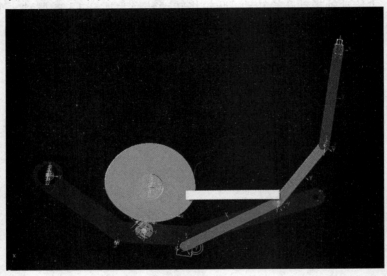

图 7.24　导入 ADMAS 中的选囊凸轮连杆机构模型

对杆 L1、L2 的长度以及角度 φ 进行参数化建模，分别设定初始值，规定变量的可变范围设定如图 7.25 所示。

由于 ADAMS 中的模型需要建立在点上，在此创建 6 个点来放置连杆，先创建 6 个点，相对位置如图 7.23(a)所示，分别修改名为 A、B、C、D、E、F，进行点的参数化设置。鼠标右键单击 6 点中任意一点，选择 Modify，弹出 Table Editor for Points in. Press variable 对话框，在此对话框中可以同时对 6 个点进行参数化设置。当铰链 A 点坐标初值设定为(335，333，0)，铰链 D 点坐标为(-111.396， -88.1238，0)，铰链 E 点坐标为(-121.988， -48.466，0)，铰链 F 点坐标为(-4.74， -205，0)时，可以计算得到铰链 B 点坐标为(335 - L1，333，0)，铰链 C 点坐标为(335 - L1 - L2 * sinφ，333 - L2 * cosφ，0)，其参数化设置如图 7.26 所示。

在点 A 和点 B 之间建立连杆 L1，在 B 点和 C 点之间建立连杆 L2，在 C 点和 D 点之间建立连杆 L3，在连杆 L2 靠近 C 点处创建一弹簧固定在大地上，弹簧的作用是保持 L2 的滚子始终能与凸轮接触，使运动形式能准确的传递到连杆机构中，否则 L2 与凸轮由于

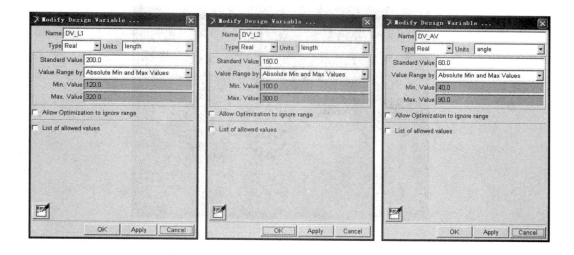

图 7.25 ADMAS 中设计变量的设定

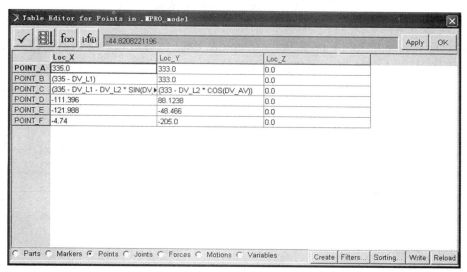

图 7.26 ADMAS 中选囊工位的点坐标的参数化

重力的作用不接触，无法实现运动，创建后的模型如图 7.27 所示。

图 7.27 中，选囊凸轮与大地之间施加转动副，连杆 1 与大地之间施加转动副，滚子 2 与连杆 1 之间施加转动副，连杆 3 与连杆 2 之间施加 fixed，凸轮 4 与滚子 2 之间施加 Solid to Solid 的 CONTACT；弹簧的初始预加载荷为 −650N，刚度与阻尼系数参数为 $K = 50$、$C = 0.5$ 与原有充填机保持不变；在凸轮与大地的转动副上施加的 Motion 为 $900d * time$。在设置重力的时候需要注意，由于弹簧的预加载荷对连杆机构的运动有影响，因此把重力方向同样设置为向上，这样就减少了弹簧对预加载荷的影响。通过更改设计变量的初始值来调整机构的杆长，可以很明显地看到机构的变化情况。

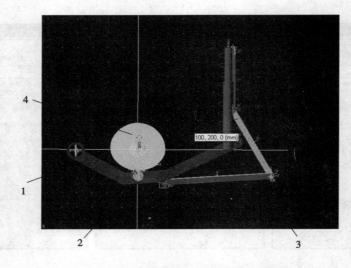

图7.27 ADAMS 中创建的参数化模型

1—连杆;2—滚子;3—连杆;4—凸轮

（2）选囊凸轮连杆机构模型的仿真

设置 Simulation 的 End time 为 0.8 s，Steps 为 100，然后进行运动仿真。仿真完成后得到杆 L1 质心处的速度、加速度随时间的变化分别如图 7.28 和图 7.29 所示。

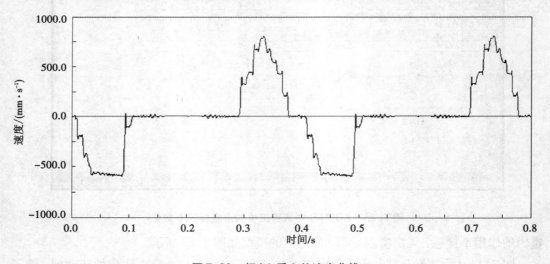

图7.28 杆 L1 质心处速度曲线

7.4.2 选囊机构参数优化

（1）设计变量的影响度分析与评估

杆 L1 的运动性能主要取决于其速度、加速度的平稳性能，需要进行设计变量对杆 L1 速度、加速度的灵敏度的评估分析。目标函数就是当设计变量变化时，要求速度、加速度的变化尽量平滑、无过大的跳跃，避免运动时造成振动。

根据需要，在 ADMAS 中目标函数设置为 STDEV，即估算样本的标准偏差。标准偏

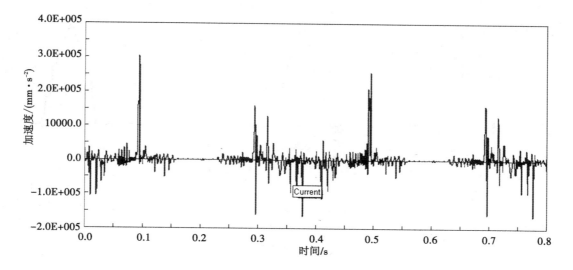

图 7.29 杆 L1 质心处加速度曲线

差是一种量度分布的分散程度的标准，用以反映数值相对于平均值的离散程度，标准偏差越小，数值偏离平均值就越小。机构运动时希望在不影响运动要求的前提下，使机构的运动尽量平稳，也即最终优化后使得凸轮连杆机构的速度、加速度曲线波动最小。

通过对选囊机构的运动仿真，进行设计变量对目标函数速度、加速度变化的影响度分析。评估三个变量对杆 L1 速度的影响时，选择 Simulate/Design Evaluation 菜单项，弹出 Design Evaluation Tools 对话框；在对话框中输入 MEA_L1_V，选中 Design Study，在 Design Variable 文本框中选择 DV_L1，其他为默认值，单击 Start 进行 DV_L1 对测量速度 MEA_L1_V 影响的评估。用同样的方法可以得到 DV_L2 和 DV_AN 对 MEA_L1_V 的影响程度。随设计变量变化时的速度测量曲线以及敏感度的分析结果分别如图 7.30、图 7.31、图 7.32 所示。

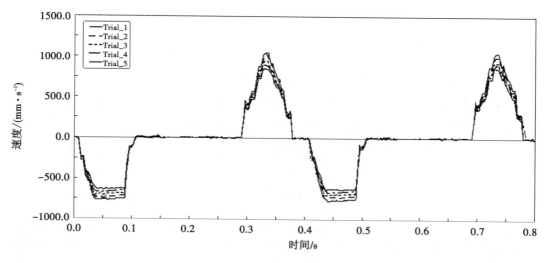

图 7.30 DV_L1 对 MEA_L1_V 评估的速度曲线变化

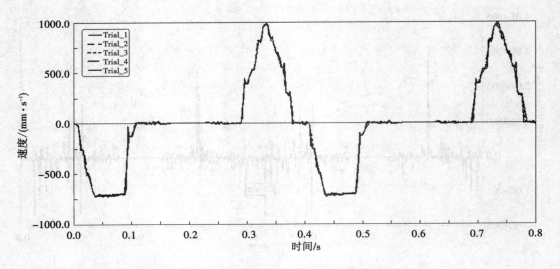

图 7.31　DV_L2 对 MEA_L1_V 评估的速度曲线变化

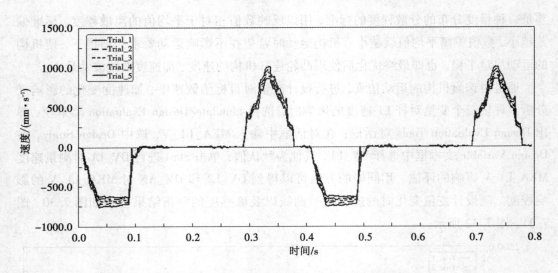

图 7.32　DV_AN 对 MEA_L1_V 评估时的速度曲线变化

由上述曲线，得到图 7.33 三个变量的评估数值。

选囊凸轮连杆机构中三个变量对杆 L1 速度的敏感度分析如表 7.2 所示。

表 7.2　　　　　　　　　　　　变量对杆 L1 速度影响的最大敏感度

设计变量	变量初始值	变量对速度的最大敏感度
DV_L1	220	− 0.96894
DV_L2	150	0.066657
DV_AN	60	− 3.6005

由表 7.2 的评估结果可以看出，当固定两个变量变化其中一个变量时，速度变化的范围不大，其中 DV_L1 对 MEA_L1_V 最大的敏感度值为 − 0.96894，DV_L2 对 MEA_L1_

Trial	cm_MEA_L1_V	DV_L1	Sensitivity
1	1059.1	120.00	-0.66306
2	1026.0	170.00	-1.1240
3	946.74	220.00	-0.96894
4	929.09	270.00	-0.79741
5	867.00	320.00	-1.2418

Trial	cm_MEA_L1_V	DV_L2	Sensitivity
1	992.25	100.00	-0.44476
2	970.01	150.00	0.066657
3	998.91	200.00	0.12379
4	982.39	250.00	-0.033936
5	995.52	300.00	0.26263

Trial	cm_MEA_L1_V	DV_AV	Sensitivity
1	1019.0	50.000	-3.2158
2	986.80	60.000	-3.6005
3	946.95	70.000	-4.6590
4	893.62	80.000	-4.3034
5	860.88	90.000	-3.2739

图 7.33 变量的评估数值

V 最大的敏感度值为 0.066657，DV_AN 对 MEA_L1_V 最大的敏感度值为 -3.6005，也即这三个变量在允许范围内变化的时候对杆 L1 运动速度的变化影响不大。

评估三个变量对杆 L1 加速度的影响，其评估的方法和上面的方法一样，将 Design Evaluation Tools 的对话框改为 cm_MEA_L1_A，在 Design Variable 文本框中输入 DV_L1，其他仍为默认值，单击 Start 进行 DV_L1 对加速度 MEA_L1_A 影响的评估。同样可以得到 DV_L2 和 DV_AN 对 MEA_L1_A 的影响程度，其加速度曲线以及敏感度的分析结果分别如图 7.34 至图 7.36 所示。

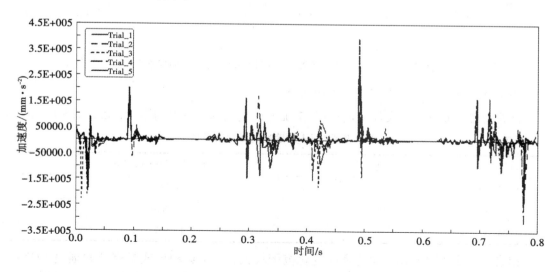

图 7.34 DV_L1 对 MEA_L1_A 评估时的加速度曲线变化

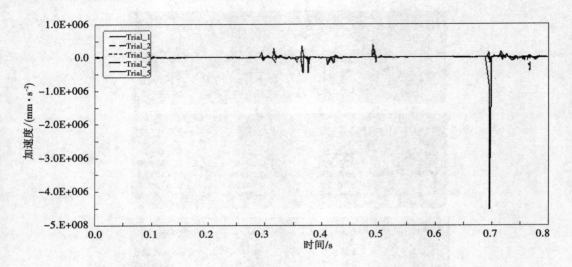

图 7.35　DV_L2 对 MEA_L1_A 评估时的加速度曲线变化

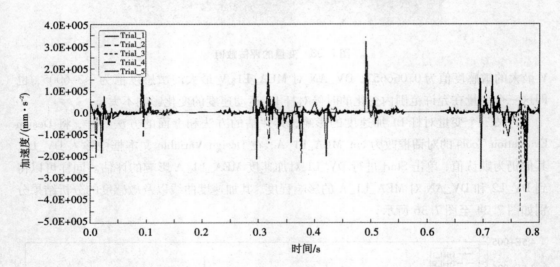

图 7.36　DV_AN 对 MEA_L1_A 评估时的加速度曲线变化

由上述曲线，得到图 7.37 变量的评估数值。

同样评估分析之后，设计变量对杆 L1 加速度变化的敏感度的影响，如表 7.3 所示。

表 7.3　　　　　　　　　　　　　各个变量对 L1 加速度的最大敏感度

设计变量	变量初始值	变量对加速度的最大敏感度
DV_L1	220	−1113.7
DV_L2	150	−242.51
DV_AN	60	42.595

由表 7.3 中可以看出，加速度的变化范围较大，由于运动形式是有凸轮通过 CON-TACT 传递给连杆机构的，碰撞的过程中出现尖锐点，比较符合实际情况。从分析结果

Trial	cm_MEA_L1_A	DV_L1	Sensitivity
1	2.0587e+005	120.00	3917.0
2	4.0173e+005	170.00	1758.0
3	3.8167e+005	220.00	-1113.7
4	2.9036e+005	270.00	-1059.4
5	2.7574e+005	320.00	-292.49

Trial	cm_MEA_L1_A	DV_L2	Sensitivity
1	4.1978e+005	100.00	-828.95
2	3.7833e+005	150.00	-242.51
3	3.9553e+005	200.00	-1046.2
4	2.7371e+005	250.00	-35.866
5	3.9194e+005	300.00	2364.6

Trial	cm_MEA_L1_A	DV_AV	Sensitivity
1	1.9413e+005	50.000	-912.53
2	1.8500e+005	60.000	42.595
3	1.9498e+005	70.000	7750.8
4	3.4002e+005	80.000	6348.0
5	3.2194e+005	90.000	-1807.9

图 7.37　变量的评估数值

中可以看出，DV_L1 对 MEA_L1_A 最大的敏感度值为 −1113.7，DV_L2 对 MEA_L1_A 最大的敏感度值为 −242.51，DV_AN 对 MEA_L1_v 最大的敏感度值为 42.595，也即这三个变量的对杆 L1 运动速度的变化影响较大。

通过对设计变量的敏感度分析可知，对速度影响不大，但对加速度的影响很大，下面我就以加速度测量曲线为目标函数进行优化。

（2）ADMAS 系统内优化算法的选择

要进行优化设计，最重要的是选择优化算法，在 ADAMS 中自带的两个常用算法，一个是 OPTDES-GRG，也即广义约简梯度算法（generalized reduced gradient）；一个是 OPT-DES-SQP，即二次规划法（sequential quadratic programming）。

广义约简梯度算法是对约束优化问题的一个间接解法，迭代格式简单，而且数值效果好，是简约梯度的一个推广，在不等式约束条件的基础上引入松弛变量，则不等式约束条件就转化成了等式的约束条件，如下所示：

$$h_i = g_i(X) + x_i = 0 \qquad i = 1, 2, 3, \cdots, m \qquad (7.1)$$

其中，$g_i(X) \leqslant 0$ 为不等式约束条件，$x_i \geqslant 0 (i = n + 1, \cdots, m)$，因此设计变量由之前的 n 变为 $n + m$ 个，等式约束由 p 个变为 $p + m$ 个，则得到广义简约梯度的数学模型如下所示：

$$\min f(x) \qquad x \in \mathbf{R}^{n+m}$$
$$\text{s.t.} \quad h_j(x) = 0 \quad j = 1, 2, \cdots, p + m \qquad (7.2)$$
$$a_u \leqslant x_u \leqslant b_u \qquad u = 1, 2, \cdots, n$$

把设计变量分成两组，即 $x = [y, z]^T$，一组为 $y = [y_1, y_2, y_3, \cdots, y_q]^T$，即有 q 个约束起作用；另一组为决策变量 $z = [z_1, z_2, z_3, \cdots, z_s]^T$，对应 $s = (m + n) - q$，即简

化后的设计空间为 S 维，在简约空间中沿着 $s^k = [s_1^k, s_2^k, s_3^k, \cdots, s_k^k]^\Gamma$ 方向进行一维最优搜索，得到一个新的决策变量 $z^{k+1} = z^k + \lambda s^k$，得到非线性方程组

$$G(z^{k+1}, y^{k+1}) = 0 \tag{7.3}$$

若求得

$$f(z^{k+1}, y^{k+1}) < f(z^k, y^k)$$
$$a_y < y < b_y \tag{7.4}$$

则 y^{k+1} 即所求的值。否则，缩短步长 λ 得到另外一个决策变量，重新解方程式(7.3)，直到成功为止。但是算法的非单调特征显著，其收敛分析较为困难。

二次规划法最早是由 Wilson 于 1963 年首次提出，用于在非线性规划中一类特殊数学问题，在很多方面都有应用，如投资组合、约束最小二乘问题的求解，序列二次规划在非线性优化问题中应用等，目前，二次规划已经成为运筹学、经济数学、管理学科、系统分析和组合优化学科的基本方法。首先提出考虑一般形式的非线性约束的最优化问题的数学模型为

$$\min f(x) \quad x \in \mathbf{R}^n$$
$$\text{s.t.} \quad g_i(x) \leqslant 0 \quad j \in \mathbf{I} \ (i = 1, \cdots, m) \tag{7.5}$$
$$g_j(x) = 0 \quad i = \mathbf{E} \ (i = 1, \cdots, m)$$

该算法通过设置当前迭代点为 x^k，通过构造二次规划子问题求得 d^k 以及相应的 Lagrange乘子 λ^k。构造的二次规划子问题如下：

$$\min \quad QP(d) = \nabla f(x)^\Gamma d + \frac{1}{2} d^\Gamma \boldsymbol{H}^k d$$
$$\text{s.t.} \quad g_j(x^k) + \nabla f(x^k)^\Gamma d \leqslant 0 \quad j \in \mathbf{I} \tag{7.6}$$
$$g_j(x^k) + \nabla f(x^k)^\Gamma d = 0 \quad j = \mathbf{E}$$

式(7.6)中，H^k 式中为子问题的 Lagrange 函数关于 x 的二阶导数矩阵 $\nabla_{xx}^2 L(x^k, \lambda^k)$，它包括了目标函数和约束函数的二阶导数信息。设下一个迭代点为 $x^{k+1} = x^k + d^k$，子问题的最优解为 x^* 且 λ^* 为相应的 Lagrange 乘子，则当(x^k, λ_k)充分接近(x^*, λ^*)时，该算法收敛且具有二阶收敛速度，但是由于该算法仅具有局部收敛性质，且 $\nabla_{xx}^2 L(x^k, \lambda^k)$ 通常是不正定的，也即式(7.6)的解可能不存在，针对这样的问题，首先用无约束优化的 DFP 公式来修正 $\boldsymbol{H}^k$，使得该算法具有局部超线性收敛性。随着算法的进一步发展，不仅引入 l_1 精确罚函数作为效益函数确定步长，建立了该算法的全局收敛性，而且又具体给出了 l_1 精确罚函数中参数的选取以及矩阵 $\boldsymbol{H}^k$ 的修正方法。

总之，序列二次规划法在解整体收敛性的同时具有保持局部超一次收敛性，特别在解决非线性规划问题具有优越的性能，因而得到了广泛的应用，所以以下的优化算法采用序列二次规划法(SQP)进行优化。

7.4.3 选囊机构加速度曲线优化

利用序列二次规划法(QSP)进行优化计算。选择 Simulate | Design Evaluation 菜单项，

弹出 Design Evaluation Tools 对话框；在对话框的 STDEV of 后面中输入 MEA_L1_A，选中 Optimization，在 Design Variables 文本框中输入 DV_AN，DV_L2，DV_L1，点击优化设计变量底部的"Optimizer"按钮，设置优化算法为 OPTDES—SQP，也即二次规划法，点击 Start 按钮，ADMAS 对出囊的凸轮连杆机构进行优化设计的分析。ADMAS 优化求解的过程中，每改变一次设计变量的值，系统就会仿真一次。在迭代计算的过程可以看出选囊凸轮连杆机构的变化，如图 7.38 所示。

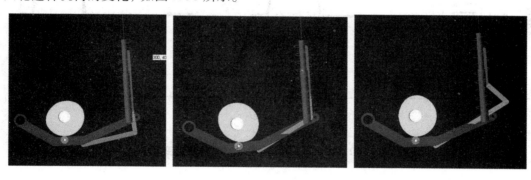

图 7.38 优化过程中的连杆机构的变化

优化完成之后，得出系统仿真 21 次的加速度曲线的图形，仿真的次数与 ADAMS 优化时的最大迭代次数以及仿真的时间和步长有关，而且可以在优化结果的信息窗口中查看优化的最终结果，其结果分别如图 7.39、图 7.40 和图 7.41 所示。

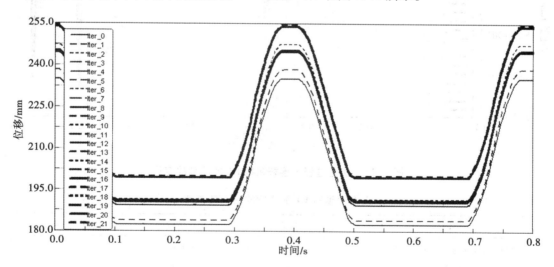

图 7.39 优化过程中连杆机构 L1 位移的变化

优化后得到分析的结果，其优化前后的零件位置和参数的优化数据分别如图 7.42 和表 7.4 所示。

图 7.42(a)为优化前合囊凸轮连杆机构，图 7.42(b)为优化后合囊凸轮连杆机构。

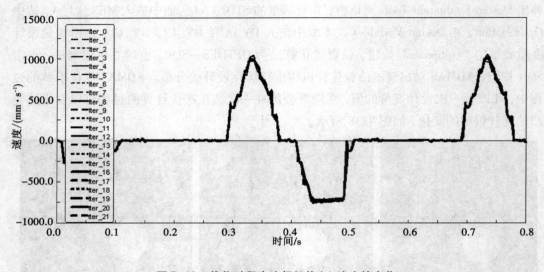

图 7.40　优化过程中连杆机构 L1 速度的变化

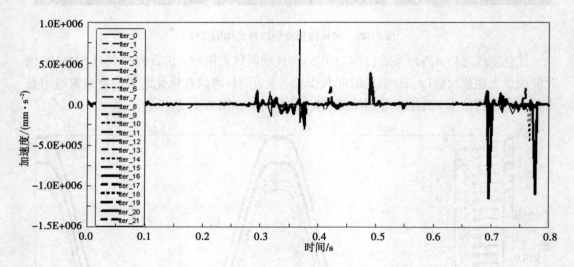

图 7.41　优化过程中连杆机构 L1 加速度的变化

表 7.4　　　　　　　　　　各个变量对 L1 加速度的最大敏感度

名称	变量初始值	优化后数值	数值变化率/%
目标函数加速度/($mm \cdot s^{-2}$)	164074	88600	−46.0
设计变量 DV_L1	200	162.49	−18.76
设计变量 DV_L2	150	137.69	−8.21
设计变量 DV_AN	60	61.337	+2.23

　　由表 7.4 可以看出，DV_L1 由优化前的 200 变为 162.49，减少了 18.76%；DV_L2 由优化前的 150 变为 137.69，减少了 8.21%；DV_AN 由优化前 60 变为 61.337，增加了 2.23%。加速度样本偏差的最小值为 88600mm/s^2，比较初始的 164074mm/s^2 减小了

46.0%，优化效果明显。

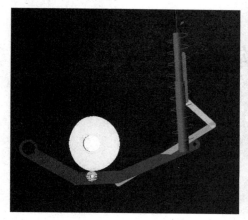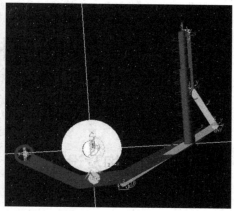

图 7.42 优化前后合囊凸轮连杆机构的对比

第8章 剔废机构运动分析及优化

8.1 剔废机构结构及设计

8.1.1 剔废机构组成及其传动

（1）剔废机构组成

剔废机构的作用是将上模块中未分开及损坏的胶囊及时剔除，保证充填质量、减少药粉损失。在空胶囊生产及运输过程中，难免有些胶囊体、帽意外锁合等，被锁合的胶囊无法在柱塞式胶囊充填机中通过分囊机构分开，未分开的胶囊无法充填药粉，混入成品胶囊中形成废品。剔废机构组成如图8.1所示。

如图8.1所示，剔废推杆3安装在推杆轴8上，剔废凸轮通过连杆传动推杆轴8做直线往复运动。吸口4安装在中空的立柱上，立柱下端接有软管，剔废推杆剔除的胶囊由软管排出。当转塔间歇静止时，剔废工位的上模块5和下模块6的位置如图8.1所示，此时，推杆轴开始做直线上升运动，带动剔废推杆上的小圆柱向上运动并深入上模块孔内。若有未分离的胶囊，剔废推杆小圆柱向上将其顶出上模块孔，在真空吸力的作用下，将剔废推杆顶出的胶囊吸入吸口通道而排出，当模块孔中有废胶囊被剔出时，将减少成品胶囊数量，同时造成药粉散落到机台表面，给设备清洁及生产率带来不利影响。

剔废机构安装在合囊之前工位，吸口和推杆轴的高度可调，当更换胶囊的规格时，就要对吸口及推杆高度进行适当调整。吸口高低的调整方法：松开紧固顶丝就可以上下调整吸口高度，而后紧住顶丝即可，吸口不能过低，吸口过低会吸掉上模块中已打开的胶囊帽。

（2）剔废机构传动

电机通过链条、链轮带动安装在主传动轴上的剔废凸轮1回转，在凸轮作用下使得连杆11绕固定点做圆弧摆动，通过铰链带动推杆轴5做往复移动，剔废推杆上有多个小圆柱与上下模块的孔相对应。剔废推杆的运动与转塔间歇回转运动配合。其传动图如图8.2所示。

由8.2可以看出，剔废凸轮1随主传动轴13等速回转，滚轮轴承14安装在连杆11上，在弹簧8的作用下与剔废凸轮1始终保持接触。关节轴承3及关节轴承10将连杆11的圆弧摆动转变为推杆轴5的直线运动。调整螺杆9可调整剔废推杆的高低位置。推

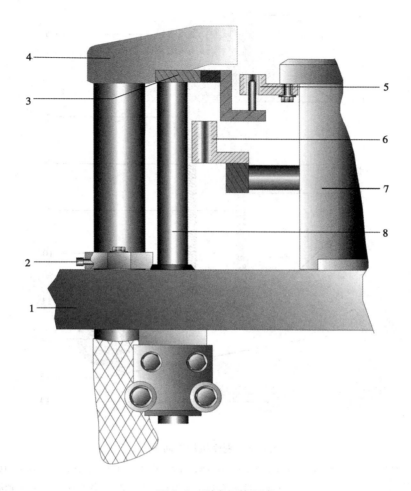

图 8.1 剔废机构组成

1—工作台板；2—紧固顶丝；3—剔废推杆；4—吸口；5—上模块；6—下模块；7—转塔；8—推杆轴

杆轴的调整要仔细，当推杆上下运动时不能与上、下模块相碰。推杆轴高度的调整方法：
在工作台板下面，在剔废工位，松开调节螺杆 9 两端的锁紧螺母 2，将体、帽未分开的胶
囊装在第六工位的上模块孔中，转动调节螺杆 9。先用手扳动电机手轮使推杆上下运动，
保证凸轮在最高位置时，能使剔废推杆的小圆柱伸进上模块孔中，此时，观察推杆小圆
柱的位置和高度，调整合适后，将锁紧螺母锁紧。再重新扳动手轮并观察剔废推杆运动
与模块运动是否有干涉现象，若有干涉需再重新调整。剔废推杆一般选用铝合金材料，
若剔废推杆与模块相碰撞，剔废推杆很容易撞断，从而保证上、下模块等不受损坏。

8.1.2 剔废凸轮轮廓线设计

为减少设备振动，延长剔废凸轮的使用寿命，需要对剔废凸轮廓线进行优化。以某
公司生产的 NJP2000 型柱塞式胶囊充填机的剔废凸轮为例。对剔废凸轮的运动规律要求
为：凸转角 0°~90°时，滚子下降 29.3mm；90°~220°时，滚子位置保持不动；220°~310°

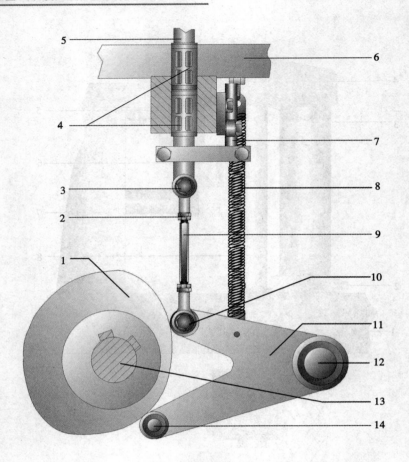

图 8.2 剔废机构传动图

1—剔废凸轮；2—锁紧螺母；3—关节轴承；4—直线轴承；5—推杆轴；6—工作面板；7—滚动轴承；

8—弹簧；9—调整螺杆；10—关节轴承；11—连杆；12—滚针轴承；13—主传动轴；14—滚轮轴承

时，滚子上升 29.3mm；转过 $310° \sim 360°$ 滚子位置不动。其传动简图如图 8.3 所示。

初步确定基圆半径 $r_0 = 55.5\text{mm}$，滚子半径 $r_r = 13\text{mm}$，因其工作条件为高速轻载，选用 $a_{\max}$ 和 $j_{\max}$ 较小的运动规律，以保证连杆运动的平稳性和工作精度。推程运动规律选用正弦加速度运动规律，回程运动选用 5 次多项式运动规律。

（1）理论廓线

对于对心直动滚子盘形凸轮机构凸轮的理论廓线的坐标可表示为

$$x = (r_0 + s)\sin\delta, \quad y = (r_0 + s)\cos\delta \tag{8.1}$$

式中，位移 s 应分段计算。

① 推程阶段

$$\delta_{01} = 90° = \frac{\pi}{2} \qquad \delta_1 = \left[0, \frac{\pi}{2}\right]$$

$$s_1 = h\left[\left(\frac{\delta_1}{\delta_{01}}\right) - \sin\left(\frac{2\pi\delta_1}{\delta_{01}}\right)/(2\pi)\right] = h\left[\left(\frac{3\delta_1}{\pi}\right) - \sin(6\delta_1)/(2\pi)\right] \tag{8.2}$$

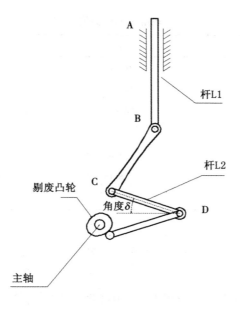

图 8.3　剔废机构传动示意图

② 远休止阶段

$$\delta_{01} = 130° = \frac{13\pi}{18}$$

$$s_2 = 29.3\text{mm} \qquad \delta_2 = \left[0, \frac{13\pi}{18}\right]$$

③ 回程阶段

$$\delta_{03} = 90° = \frac{\pi}{2} \qquad \delta_3 = \left[0, \frac{\pi}{2}\right]$$

$$
\begin{aligned}
s_3 &= 10h\delta_3^3/\delta_{03}^3 - 15h\delta_3^4/\delta_{03}^4 + 6h\delta_3^5/\delta_{03}^5 \\
&= 80h\delta_3^3/\pi^3 - 240h\delta_3^4/\pi^4 + 192h\delta_3^5/\pi^5
\end{aligned}
\tag{8.3}
$$

④ 近休止阶段

$$\delta_{04} = 50° = \frac{5\pi}{18}$$

$$s_4 = 0 \qquad \delta_2 = \left[0, \frac{5\pi}{18}\right]$$

取角度间隔为 10°，将以上各式相应值代入计算理论轮廓线上各点的坐标值。计算时推程阶段取 $\delta = \delta_1$，在远休止阶段 $\delta = \delta_{01} + \delta_2$，在回程阶段取 $\delta = \delta_{01} + \delta_{02} + \delta_3$，在近休止阶段 $\delta = \delta_{01} + \delta_{02} + \delta_{03} + \delta_4$。计算结果见表 8.1。

表 8.1 轮廓线的坐标值

$\delta/(°)$	x	y
0	0.00	88
10	14.41	81.74
20	26.68	73.30
⋮	⋮	⋮
340	-33.45	91.90
350	-16.15	91.59
360	0.00	88.00

（2）工作廓线

由

$$x' = x - r_r\cos\theta \qquad (8.4)$$

$$y' = y - r_r\sin\theta \qquad (8.5)$$

$$\sin\theta = (dx/d\delta)/\sqrt{(dx/d\delta)^2 + (dy/d\delta)^2} \qquad (8.6)$$

$$\cos\theta = -(dy/d\delta)/\sqrt{(dx/d\delta)^2 + (dy/d\delta)^2} \qquad (8.7)$$

① 推程段 $\qquad \delta_{01} = 90° = \dfrac{\pi}{2}$

$$dx/d\delta = (ds/d\delta)\sin\delta_1 + (r_0 + s)\cos\delta_1$$

$$= \left\{\frac{2h}{\pi}[1 - \cos(4\delta_1)]\right\}\sin\delta_1 + (r_0 + s)\cos\delta_1 \qquad (8.8)$$

$$dy/d\delta = (ds/d\delta)\cos\delta_1 + (r_0 + s)\sin\delta_1$$

$$= \left\{\frac{2h}{\pi}[1 - \cos(4\delta_1)]\right\}\cos\delta_1 - (r_0 + s)\sin\delta_1 \qquad (8.9)$$

② 远休止阶段 $\qquad \delta_{02} = 130° = \dfrac{13\pi}{18}$

$$dx/d\delta = (r_0 + s)\cos\left(\frac{13\pi}{18} + \delta_2\right) \qquad (8.10)$$

$$dy/d\delta = -(r_0 + s)\sin\left(\frac{13\pi}{18} + \delta_2\right) \qquad (8.11)$$

③ 回程阶段 $\qquad \delta_{03} = 90° = \dfrac{\pi}{2}$

$$dx/d\delta = (ds/d\delta)\sin(\delta_3 + \pi) + (r_0 + s)\cos(\delta_3 + \pi)$$

$$= (810h\delta_3^2/\pi^3 - 4860h\delta_3^3/\pi^4 + 7290h\delta_3^4/\pi^5)\sin(\delta_3 + \pi) +$$

$$(r_0 + s)\cos(\delta_3 + \pi) \qquad (8.12)$$

$$dy/d\delta = (810h\delta_3^2/\pi^3 - 4860h\delta_3^3/\pi^4 + 7290h\delta_3^4/\pi^5)\cos(\delta_3 + \pi) -$$

$$(r_0 + s)\sin(\delta_3 + \pi) \qquad (8.13)$$

④ 近休止阶段 $\qquad \delta_{04} = 50° = \dfrac{5\pi}{18}$

$$\mathrm{d}x/\mathrm{d}\delta = (r_0 + s)\cos\left(\frac{5\pi}{18} + \delta_4\right) \qquad (8.14)$$

$$\mathrm{d}y/\mathrm{d}\delta = -(r_0 + s)\sin\left(\frac{5\pi}{18} + \delta_4\right) \qquad (8.15)$$

计算结果见表 8.2 所示。

表 8.2　　　　　　　　　　　工作廓线的计算结果

$\delta/(°)$	x'/mm	y'/mm
0	0.00	75.00
10	12.16	68.94
20	22.23	61.08
⋮	⋮	⋮
340	−29.00	79.69
350	−13.89	78.78
360	0.00	75.00

根据表 8.2 中数据，利用 Pro/E 生成剔废凸轮如图 8.4 所示。

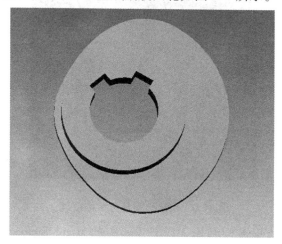

图 8.4　剔废凸轮模型

8.2　剔废凸轮连杆机构运动分析

8.2.1　剔废凸轮连杆机构参数化建模及运动分析

（1）剔废凸轮连杆机构参数化建模

剔废工位位于充填与合囊工位之间。剔废凸轮连杆机构的工作原理如图 8.3 所示，电机通过滚子链带动主传动轴转动，剔废凸轮随之转动。连杆 L2 在一定角度内摆动，通过中间连杆运动带动推杆 L1 做往复上下运动。推杆 L1 的运动规律即剔废推杆的运动规律。为保证推杆 L1 平稳运动，要求推杆 L1 的速度、加速度尽可能平滑，而且最值应尽可能的小。在凸轮连杆机构中，推杆 L1、推杆 L2 的长度以及角度 $K = 50$ 大小的改变都将影响到推杆 L1 的运动性能，故需要对凸轮连杆机构进行参数优化，找出推杆 L1 运动速度、加速度最优时连杆机构具体尺寸和位置。

为便于仿真及参数优化，将没有用到的零部件进行隐藏，建立模型如图 8.5 所示。利用 Pro/E 与 ADMAS 接口的 MECH/Pro 将其导入 ADMAS 中。ADAMS 中对连杆、弹簧件的建模十分方便，为便于参数化建模，只将工作台板、剔废凸轮以及与其接触的连杆 L2 导入 ADMAS 中。在导入 ADAMS 后重新建立一个连杆与导入的推杆 L2 固定在一起。导入推杆 L2 是为与凸轮接触，得到相对真实的运动，新建连杆是为满足参数化建模的需要，即参数化后推杆 L2 的长度和与水平面的夹角都可以变化。

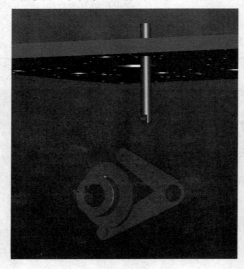

图 8.5 剔废凸轮连杆机构模型

将 Pro/E 中剔废凸轮机构利用 MECH/Pro 中的 Rigid Bodies 选择创建刚体，设置 MARKER 后点击 Interface——ADAMS/View——Only Write Files——Done/Return——OK 导入 ADAMS 中，改变零件颜色，如图 8.6 所示。

为便于参数化建模，关闭导入 ADMAS 中模型的可见性，然后创建设置变量。由前述可知，参数化模型中有推杆 L1、L2 的长度以及角度 $K = 50$ 三个设计变量，我们分别用设定初始值，规定变量的可变范围设定如图 8.7 所示。

然后创建 A、B、C、D 四个 Point，相对位置如图 8.3 所示，进行点的参数化设置。当铰链 A 的坐标初值设定为 $(0, 15, 0)$，铰链 D 点坐标为 $(85, -370, 0)$ 时，计算得到铰链 B 的坐标为 $(0, 15 - L1, 0)$，铰链 C 的坐标为 $(85 - L2 * cosK = 50, -370 + L2 * sinK = 50, 0)$，右击这四点中的任意一点，如 Point_A，弹出快捷菜单，选择 Point：Point_A｜Modify 菜单项，弹出 Table Editor for Points in. Press variable 对话框，更改点的坐标，其参

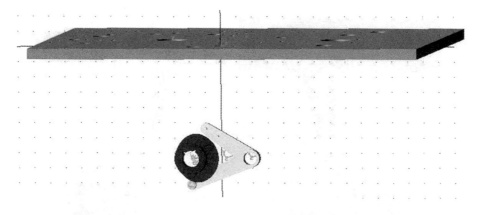

图 8.6　由 MECH/Pro 导入到 ADMAS 中的机构模型

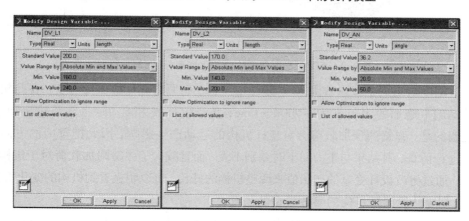

图 8.7　ADMAS 中设计变量的设定

数化设置如图 8.8 所示。

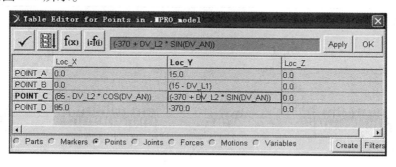

图 8.8　ADMAS 中剔废工位点坐标的参数化

　　在点的基础上创建构件,添加运动副(包括连杆之间的转动副以及推杆 L1 与大板的移动副),创建一个连接推杆 L2 与大板的弹簧,弹簧的作用是保持推杆 L2 的滚子始终能与凸轮接触,使运动形式能准确地传递到推杆机构。创建模型如图 8.9 所示。

　　图 8.9 中,工作台板与大地采用 Fixed 固连,左图的两个连杆也采用 Fixed 固连;右图的凸轮与滚子之间施加 CONTACT,其类型为 Solid to Solid;弹簧的初始预加载荷为

图 8.9　ADAMS 中创建的参数化模型(正面与反面)

－650N，刚度与阻尼系数参数为 $K = 50$ 、$C = 0.5$ 与原有充填机保持不变；在凸轮与大地的转动副上施加的 Motion 为 －900d * time，负号仅代表主传动轴带动凸轮转动方向。需要说明的是，弹簧的预加载荷会对连杆机构的运动产生影响，因此把重力的方向设置为向上进行仿真，其结果与重力向下时差别不大，而且减少了弹簧附加载荷对于机构运动的影响。通过更改设计变量的初始值来调整机构的杆长，可以明显看到机构的变化情况。

（2）剔废凸轮连杆机构的参数模型的仿真

设置 Simulation 的 End time 为 0.8s，Steps 为 100，然后进行运动仿真。仿真完成后测量出推杆 L1 的质心处的速度、加速度随时间的变化分别如图 8.10 和图 8.11 所示。

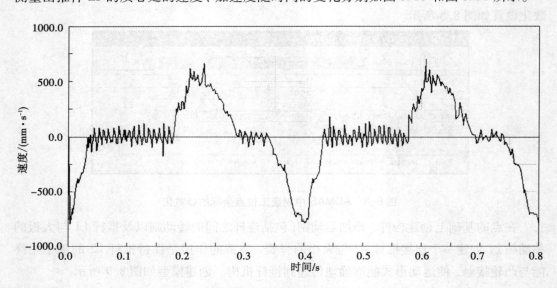

图 8.10　推杆 L1 质心处速度曲线

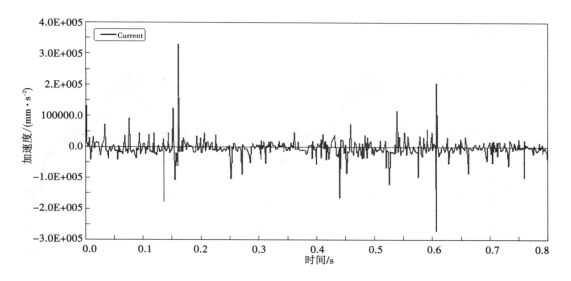

图 8.11　杆 L1 质心处加速度曲线

8.2.2　剔废凸轮连杆机构参数优化

（1）设计变量的影响度分析与评估

对机构进行运动仿真之后，需要对凸轮连杆机构的参数优化。推杆 L1 的运动性能主要取决于其速度、加速度的平稳性能，下面就设计变量对推杆 L1 速度、加速度的灵敏度进行评估分析。目的是当设计变量变化时，保证速度、加速度的变化尽量平滑、无过大的跳跃，避免运动时造成的振动。

根据需要，在 ADMAS 中可以作为目标函数为 STDEV（standard deviation 的缩写），即估算样本的标准偏差。标准偏差是一种量度分布的分散程度的标准，用以反映数值相对于平均值的离散程度，标准偏差越小，数值偏离平均值就越小。在不影响运动要求的前提下，使机构的运动尽量平稳，也即最终优化后使得连杆机构的速度、加速度曲线波动最小。

对目标函数速度、加速度变化的影响度分析时，首先评估三个变量对推杆 L1 速度的影响。选择 Simulate/Design Evaluation 菜单项，弹出 Design Evaluation Tools 对话框；在对话框中输入 MEA_L1_v，选中 Design Study，在 Design Variable 文本框中输入 DV_L1，其他为默认值，单击 Start 进行 DV_L1 对测量速度 MEA_L1_v 影响的评估。用同样的方法可以得到 DV_L2 和 DV_AN 对 MEA_L1_v 的影响程度。随设计变量变化的速度曲线以及敏感度分析结果如图 8.12、图 8.13 和图 8.14 所示。

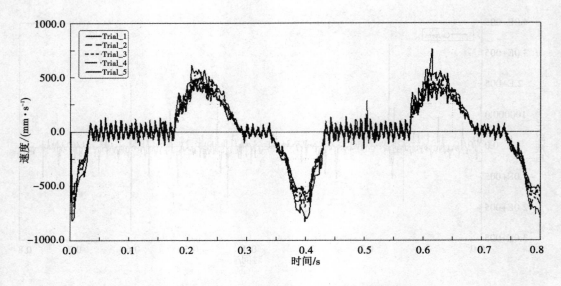

图 8.12   DV_L1 对 MEA_L1_v 评估的速度曲线变化

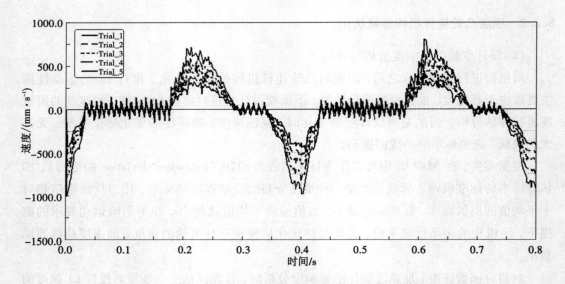

图 8.13   DV_L2 对 MEA_L1_v 评估的速度曲线变化

剔废凸轮连杆机构中三个变量对推杆 L1 速度的敏感度分析如表 8.3 所示。

表 8.3   各变量对杆 L1 速度影响的最大敏感度

设计变量	初始值	测得的最大敏感度
DV_L1	200	1.6131
DV_L2	170	4.5981
DV_AN	36.2	5.0124

由表 8.3 中的数值可以看出，当固定其中两个变量、变化其中一个变量的时候，速度变化的范围不大，其中 DV_L1 对 MEA_L1_v 最大的敏感度值为 1.6131，DV_L2 对

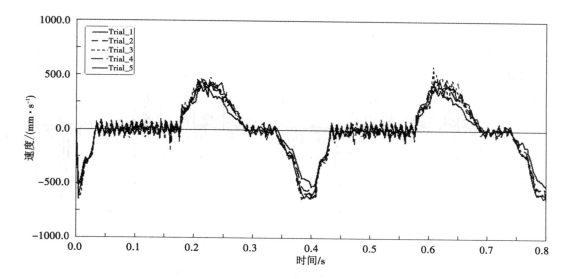

图 8.14　DV_AN 对 MEA_L1_v 评估时的速度曲线变化

MEA_L1_v 最大的敏感度值为 4.5981，DV_AN 对 MEA_L1_v 最大的敏感度值为 5.0124，也即这三个变量的在允许范围内变化的时候对推杆 L1 运动速度的变化影响不大。

　　三个变量对推杆 L1 加速度影响的评估方法和上述一样，只需将 Design Evaluation Tools 的对话框改为 MEA_L1_a，在 Design Variable 文本框中输入 DV_L1，其他仍为默认值，单击 Start 进行 DV_L1 对测量速度 MEA_L1_a 影响的评估。同样可以得到 DV_L2 和 DV_AN 对 MEA_L1_a 的影响程度，其加速度曲线以及敏感度的分析结果分别如图 8.15 至图 8.17 所示。

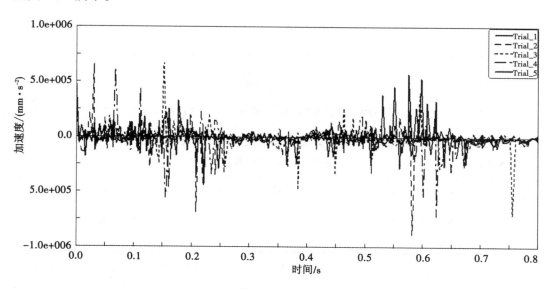

图 8.15　DV_L1 对 MEA_L1_a 评估时的加速度曲线变化

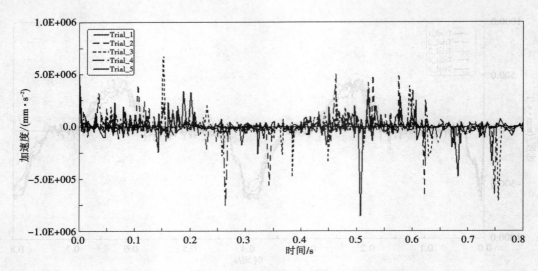

图 8.16　DV_L2 对 MEA_L1_a 评估时的加速度曲线变化

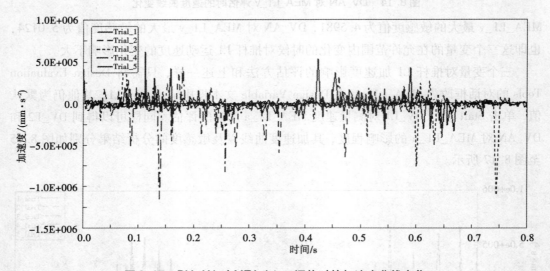

图 8.17　DV_AN 对 MEA_L1_a 评估时的加速度曲线变化

三个设计变量对推杆 L1 加速度变化的敏感度的影响如表 8.4 所示。

表 8.4　　　　　　　　　　　各个变量对 L1 加速度的最大敏感度

设计变量	初始值	测得的最大敏感度
DV_L1	200	809.23
DV_L2	170	1289.9
DV_AN	36.2	5669.8

由表 8.4 可以看出，加速度的变化范围较大，凸轮通过 CONTACT 传递给连杆机构，造成碰撞过程中出现尖锐点。从分析结果中可以看出，DV_L1 对 MEA_L1_a 最大的敏感度值为 809.23，DV_L2 对 MEA_L1_a 最大的敏感度值为 1289.9，DV_AN 对 MEA_L1_v 最大的敏感度值为 5669.8，也即这三个变量的对推杆 L1 运动速度的变化影响较大。

通过对设计变量的敏感度分析可知，对速度影响不大，但对加速度的影响很大，下面以加速度曲线为目标函数进行优化。

（2）目标函数加速度曲线优化

利用序列二次规划法（QSP）进行优化计算。选择 Simulate|Design Evaluation 菜单项，弹出 Design Evaluation Tools 对话框；在对话框的 STDEV of 后面中输入 MEA_L1_a，选中 Optimization，在 Design Variables 文本框中输入 DV_AN，DV_L2，DV_L1，点击优化设计变量底部的"Optimizer"按钮，设置优化算法为 OPTDES-SQP，也即二次规划法，点击 Start 按钮，得到 ADMAS 对剔废凸轮连杆机构优化分析。ADMAS 优化求解的过程中，每改变一次设计变量值，系统就会仿真一次。由系统在迭代计算的过程可以看出连杆机构的变化，如图 8.18 所示。

图 8.18　优化过程中的连杆机构变化

经优化得到系统仿真 10 次的加速度曲线，仿真的次数与 ADAMS 优化时的最大迭代次数以及仿真的时间和步长有关。在优化结果的信息窗口中查看优化的最终结果，其结果分别如图 8.19 至图 8.21 所示。

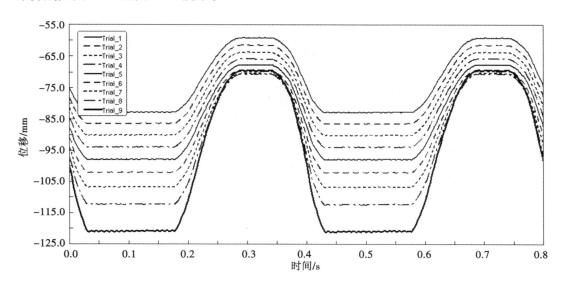

图 8.19　优化过程中连杆机构 L1 位移的变化

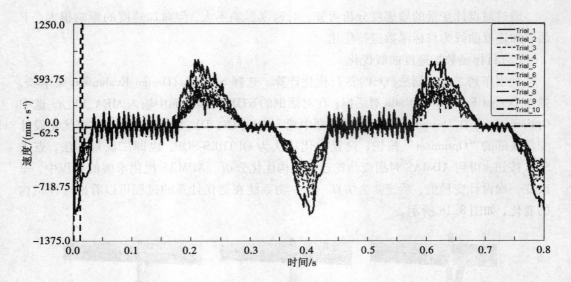

图 8.20　优化过程中连杆机构 L1 速度的变化

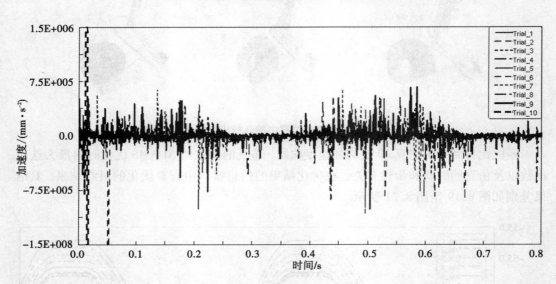

图 8.21　优化过程中连杆机构 L1 加速度的变化

优化前后的模型位置和参数的优化数据如图 8.22 和表 8.5 所示。

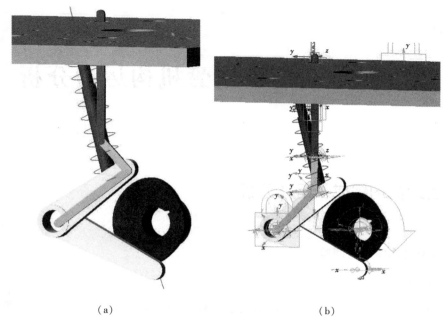

（a）　　　　　　　　　　　　　　　　（b）

图 8.22　优化前后凸轮连杆机构对比

图 8.22（a）为优化前的剔废凸轮连杆机构，图 8.22（b）为优化前的剔废凸轮连杆机构。

表 8.5　　　　　　　　　　　　各个变量对 L1 加速度的最大敏感度

名称	初始值	优化后数值	数值变化率/%
目标函数加速度/（mm·s^{-2}）	108463	25559.2	−76.4
设计变量 DV_L1	200	220.191	+0.96
设计变量 DV_L2	170	121.188	−28.7
设计变量 DV_AN	36.2	46.0702	+27.3

由表 8.5 可以看出，DV_L1 由优化前的 200 变为 220.191，增加了 0.96%；DV_L2 由优化前的 170 变为 121.188，减少了 28.7%；DV_AN 由优化前 36.2 变为 46.0702，增加了 27.3%。加速度样本偏差的最小值为 25559.2mm/s^2，比较初始的 108463 mm/s^2 减小了 76.4%，优化效果明显。

第9章　合囊及出囊机构运动分析

9.1　合囊机构组成及运动分析

9.1.1　合囊机构原理及调整

(1)合囊机构原理

空胶囊在柱塞式胶囊充填机上分别经过选囊运动、分囊运动、充填运动、剔废运动之后，由合囊凸轮机构完成合囊运动，并由间歇机构控制各个运动。合囊凸轮机构的运动特性直接影响着合囊的效率和质量，其工作原理如图9.1所示。

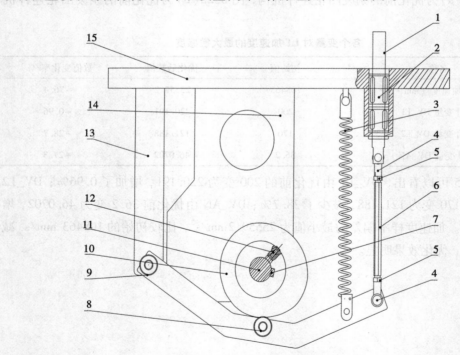

图9.1　合囊凸轮机构传动简图

1—合囊推杆；2—直线轴承；3—弹簧；4—关节轴承；5—锁紧螺母；6—调整螺杆；7—抱键；8—混子轴承；
9—连杆；10—合囊凸轮；11—主传动轴；12—紧固螺钉；13—支撑块；14—支撑板；15—工作台板

图 9.1 中，电机通过链轮带动主传动轴 11 转动，进而带动传动轴上的合囊凸轮 10 回转(采用减速电机，电机轴端链轮带有摩擦离合器以保证过载保护，由电磁抱闸控制传动系统的运动及静止，保证胶囊充填机静止时各模块所处准确)。连杆 9 在弹簧 3 的作用下使合囊凸轮 10 始终与混子轴承 8 接触，连杆 9 通过关节轴承 4 与调整螺杆 6 连接。合囊凸轮 10 转动时带动连杆 9 绕支点摆动，通过调整螺杆 6 带动合囊推杆 1 做往复的上下直线运动，从而完成合囊运动。调整螺杆 6 长度可调(调整凸轮安装角度及更换胶囊型号时保证合囊推杆位置准确)。合囊运动是否合理取决于合囊凸轮的外廓曲线及机构中各部件参数特性。

合囊推杆调整方法：将已套合好的胶囊放入模块孔中，然后用手转动主电机手轮，使合囊顶针上升到最高点，这时松开调整螺杆两端的锁紧螺母，再转动调整螺杆使合囊顶针顶着胶囊上升，当胶囊升到刚接触挡板时，就紧固锁紧螺母即可。在转动主电机手轮时，如果合囊顶针还没有升到最高点胶囊就碰到挡板时应先调整一下调整螺杆，把合囊推杆降低些再按以上步骤调整顶针的高度，每次调整后都要紧住锁紧螺母。

(2)胶囊锁合的调整

如图 9.2 所示。合囊机构的第八工位有一个固定的挡板 7，当上模块 8、下模块 9 运动到这一工位时，合囊顶针 10 上升，将上、下模块中的充填好的胶囊进行压合。

当胶囊套合后的成品长度不符合要求或更换胶囊规格时，就要对第八工位的合囊机构进行调整，除了调整工作台板下面的调整螺杆外，在工作台上面，可以调节挡板 7 的位置。挡板 7 的调整方法：松开锁紧螺钉 5，通过增加或减少垫片 6，就可以调整挡板 7 的位置高低，调整好后，再锁紧螺钉即可。一般挡板与上模块孔中胶囊最高点的间隙 $x = 0.2 \sim 0.5\mathrm{mm}$。在充填过程中，如果发现胶囊套合不好，有未锁合好的长胶囊或变形的短胶囊现象时，就要重新对此机构进行仔细调整。

9.1.2　合囊凸轮廓线设计

由上述分析可知，合囊凸轮廓线决定胶囊套合效果及机器的运动特性。举例说明合囊凸轮廓线的设计过程。由于合囊凸轮主要控制合囊顶针的升降运动，因此凸轮先后经历升程—远休止—回程—近休止的过程，约定：凸轮转角 $0° \sim 140°$ 时，推杆下降 15.4mm；凸轮转角 $140° \sim 260°$ 时，推杆不动；凸轮转角 $260° \sim 330°$ 时，推杆上升 15.4mm；凸轮转角 $330° \sim 360°$ 时，推杆不动。初步确定基圆半径 $r_0 = 68.8\mathrm{mm}$，滚子半径为 $r_r = 13\mathrm{mm}$，同样采用 a_{max} 和 j_{max} 较小的运动规律，以保证连杆运动的平稳性和工作精度。

(1)求理论廓线

由图 9.1 所示的凸轮连杆机构理论廓线的坐标可表示为

$$x = (r_0 + s)\sin\delta, \quad y = (r_0 + s)\cos\delta \tag{9.1}$$

式中，推杆位移 s 应分段计算。

① 推程阶段

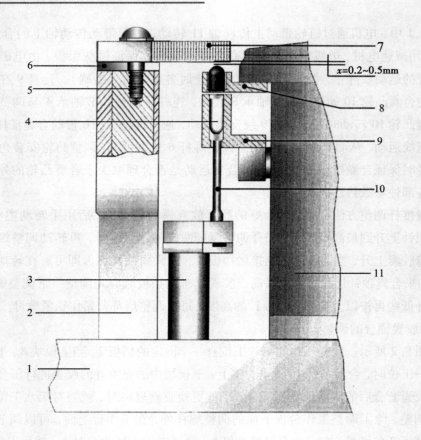

图9.2　胶囊锁合机构

1—工作台面；2—合囊支撑；3—合囊推杆；4—胶囊；5—锁紧螺钉；

6—调整垫片；7—挡板；8—上模块；9—下模块；10—合囊顶针；11—转塔

$$\delta_{01} = 140° = \frac{7\pi}{9}, \delta_1 = \left[0, \frac{7\pi}{9}\right]$$

$$s_1 = h\left(\frac{\delta_1}{\delta_{01}} - \sin\frac{2\pi\delta_1}{\delta_{01}}/2\pi\right) = h\left(\frac{3\delta_1}{\pi} - \sin6\delta_1/2\pi\right) \tag{9.2}$$

② 远休止阶段

$$\delta_{01} = 120° = \frac{2\pi}{3}$$

$$s_2 = 15.4\text{mm}, \delta_2 = \left[0, \frac{2\pi}{3}\right]$$

③ 回程阶段

$$\delta_{03} = 70° = \frac{7\pi}{18}, \delta_3 = \left[0, \frac{7\pi}{18}\right]$$

$$s_3 = 10h\delta_3^3/\delta_{03}^3 - 15h\delta_3^4/\delta_{03}^4 + 6h\delta_3^5/\delta_{03}^5$$

$$= 80h\delta_3^3/\pi^3 - 240h\delta_3^4/\pi^4 + 192h\delta_3^5/\pi^5 \tag{9.3}$$

④ 近休止阶段

$$\delta_{04} = 30° = \frac{\pi}{6}$$

$$s_4 = 0 \qquad \delta_2 = \left[0, \frac{\pi}{6}\right]$$

同样，取角度间隔为 10°，将以上各式相应值代入计算理论轮廓线上各点的坐标值。计算时推程阶段取 $\delta = \delta_1$；远休止阶段 $\delta = \delta_{01} + \delta_2$；回程阶段 $\delta = \delta_{01} + \delta_{02} + \delta_3$；近休止阶段 $\delta = \delta_{01} + \delta_{02} + \delta_{03} + \delta_4$。计算结果见表 9.1。

表 9.1　　理论廓线坐标值

$\delta/(°)$	x	y
0	0.00	97.2
10	16.88	95.72
20	33.24	91.34
⋮	⋮	⋮
340	−33.24	91.34
350	−16.88	95.72
360	0.00	97.2

（2）求工作廓线

由
$$x' = x - r_r\cos\theta \qquad y' = y - r_r\sin\theta \tag{9.4}$$

其中 $\sin\theta = (d_x/d_\delta)/\sqrt{(d_x/d_\delta)^2 + (d_y/d_\delta)^2}$

$$\cos\theta = -(d_y/d_\delta)/\sqrt{(d_x/d_\delta)^2 + (d_y/d_\delta)^2} \tag{9.5}$$

① 推程段
$$\delta_{01} = 140° = \frac{7\pi}{9}$$

$$\begin{aligned}
d_x/d_\delta &= (d_s/d_\delta)\sin\delta_1 + (r_0 + s)\cos\delta_1 \\
&= \left[\frac{2h}{\pi}(1 - \cos4\delta_1)\right]\sin\delta_1 + (r_0 + s)\cos\delta_1
\end{aligned} \tag{9.6}$$

$$\begin{aligned}
d_y/d_\delta &= d_y/d_\delta = (d_s/d_\delta)\cos\delta_1 + (r_0 + s)\sin\delta_1 \\
&= \left[\frac{2h}{\pi}(1 - \cos4\delta_1)\right]\cos\delta_1 - (r_0 + s)\sin\delta_1
\end{aligned} \tag{9.7}$$

② 远休止阶段
$$\delta_{02} = 120° = \frac{2\pi}{3}$$

$$d_x/d_\delta = (r_0 + s)\cos\left(\frac{2\pi}{3} + \delta_2\right) \tag{9.8}$$

$$d_y/d_\delta = -(r_0 + s)\sin\left(\frac{2\pi}{3} + \delta_2\right) \tag{9.9}$$

③ 回程阶段
$$\delta_{03} = 80° = \frac{4\pi}{9}$$

$$d_x/d_\delta = (d_s/d_\delta)\sin(\delta_3 + \pi) + (r_0 + s)\cos(\delta_3 + \pi)$$

$$= (810h\delta_3^2/\pi^3 - 4860h\delta_3^3/\pi^4 + 7290h\delta_3^4/\pi^5)\sin(\delta_3 + \pi) + \\ (r_0 + s)\cos(\delta_3 + \pi) \tag{9.10}$$

$$d_y/d_\delta = (810h\delta_3^2/\pi^3 - 4860h\delta_3^3/\pi^4 + 7290h\delta_3^4/\pi^5)\cos(\delta_3 + \pi) - \\ (r_0 + s)\sin(\delta_3 + \pi) \tag{9.11}$$

④ 近休止阶段 $\qquad \delta_{04} = 30° = \dfrac{\pi}{6}$

$$d_x/d_\delta = (r_0 + s)\cos\left(\frac{\pi}{3} + \delta_4\right) \tag{9.12}$$

$$d_y/d_\delta = -(r_0 + s)\sin\left(\frac{\pi}{3} + \delta_4\right) \tag{9.13}$$

获得结果如表 9.2 所示。

表 9.2 工作廓线坐标值

$\delta/(°)$	x'/mm	y'/mm
0	0.00	84.2
10	28.80	79.12
20	28.80	85.98
⋮	⋮	⋮
340	−28.80	79.12
350	−14.62	83.55
360	0.00	84.2

根据表 9.2 中的数值,考虑到合囊凸轮的结构及安装要求,得到如图 9.3 所示的合囊凸轮结构图。

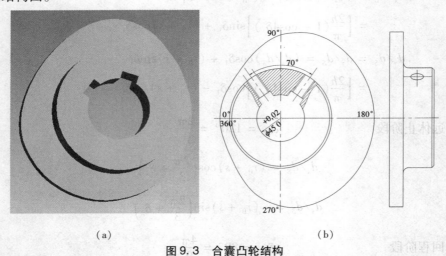

（a）　　　　　　　　　　　（b）

图 9.3　合囊凸轮结构

图 9.3（a）为利用 Pro/E 构件的合囊凸轮模型图,图 9.3（b）为其二维图。通常,凸

轮与轴靠键联接传递扭矩，轴上相应位置需要加工键槽，而柱塞式胶囊充填机主传动轴（与合囊凸轮配合位置）无键槽，合囊凸轮普遍采用双键槽结构。由图9.3(b)看到，合囊凸轮双键槽间的夹角为70°，在每个键槽顶部加工有螺纹孔，装配时，调整好凸轮安装角度后，将螺栓旋紧，使键抱紧轴，由于胶囊充填机属于典型的高速、轻载设备，依靠键与传动轴之间的接触摩擦力传递扭矩，从而完成胶囊的套合作用，为便于分析，约定凸轮转角顺时针方向为正。

9.2 双键槽合囊机构力学特性分析

合囊凸轮是合囊机构的关键部件，其轮廓曲线及力学特性是否合理将影响到凸轮的使用寿命和胶囊充填机的振动、噪声的大小。

9.2.1 双键槽合囊凸轮受力分析

由于合囊凸轮依靠抱键与轴之间的摩擦力传递扭矩，基于图9.3(b)的合囊凸轮结构，为便于对其进行受力分析，约定合囊凸轮、轴、抱键、螺栓为刚体。取双键槽的对称线为 Y 轴，孔中心线水平位置为 X 轴，建立如图9.4所示的坐标系[22-24]。

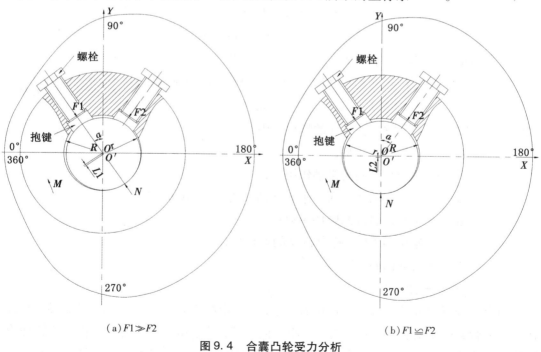

(a) $F1 \gg F2$ (b) $F1 \cong F2$

图9.4 合囊凸轮受力分析

由图9.4可知，由于合囊凸轮与传动轴配合采用间隙配合。凸轮孔和传动轴在加工时，其尺寸存在误差，当螺栓紧固后，轴中心 O' 与孔中心 O 将产生一定量的偏移量 L。考虑到 $F1$ 和 $F2$ 大小不同时，L 的大小和方向不同，在此，只考虑三种特殊情况：$F1 \gg$

F_2、$F_1 \ll F_2$、$F_1 \approx F_2$。

① 当 $F_1 \gg F_2$ 时，约定 $F_2 = 0$。受力分析如图 9.4(a)所示，所受力

$$\overrightarrow{F_1} + \overrightarrow{N} = 0 \tag{9.14}$$

将式(9.14)在所建立的直角坐标系中分解，得 X、Y 轴方向受力分别为

$$\overrightarrow{F_1} \cdot \sin\alpha - \overrightarrow{N} \cdot \sin\alpha = 0$$

$$\overrightarrow{N} \cdot \cos\alpha - \overrightarrow{F_1} \cdot \cos\alpha = 0$$

合囊凸轮受到的驱动力矩为

$$M = (\overrightarrow{F_1} \cdot \sin\alpha - \overrightarrow{F_1} \cdot \cos\alpha)\mu(r - L) + (\overrightarrow{N} \cdot \sin\alpha - \overrightarrow{N} \cdot \cos\alpha)\mu(r + L) \tag{9.15}$$

② 当 $F_1 \ll F_2$ 时，约定 $F_1 = 0$，同理，得到合囊凸轮受到的驱动力矩为

$$M = (\overrightarrow{F_2} \cdot \cos\alpha - \overrightarrow{F_2} \cdot \sin\alpha)\mu(r - L) + (\overrightarrow{N} \cdot \cos\alpha - \overrightarrow{N} \cdot \sin\alpha)\mu(r + L) \tag{9.16}$$

③ 当 $F_1 \approx F_2$ 时，受力分析如图 9.4(b)所示，其受力

$$\overrightarrow{F_1} + \overrightarrow{F_2} + \overrightarrow{N} = 0 \tag{9.17}$$

将式(9.17)在直角坐标系中分解，得 X、Y 轴方向受力为

$$\overrightarrow{N} - \overrightarrow{F_1} \cdot \cos\alpha - \overrightarrow{F_2} \cdot \cos\alpha = 0$$

$$\overrightarrow{F_1} \cdot \sin\alpha - \overrightarrow{F_2} \cdot \sin\alpha = 0$$

合囊凸轮受到的传动力矩为

$$M = \left[(\overrightarrow{F_1} - \overrightarrow{F_2}) \cdot \sin\alpha - (\overrightarrow{F_1} - \overrightarrow{F_2})\cos\alpha\right] \cdot \mu(r - L) + \overrightarrow{N}\mu(r + L) \tag{9.18}$$

式中，F_1，F_2——沿着螺纹孔方向的螺栓紧固力；

        M——合囊凸轮转矩；

        N——轮与轴之间的接触作用力；

        α——螺纹孔轴线方向与 Y 轴之间夹角，$0 \leqslant \alpha \leqslant 90°$；

        μ——轴与接触件的摩擦系数；

        L——轴中心 O_1 与孔中心 O 的偏移量；

        R——合囊凸轮孔半径；

        r——轴半径。

由上述分析中可以看出，转矩 M 的大小，主要取决于 α 和 L。在螺栓禁锢后，同批次生产的合囊凸轮安装时所产生的 L 大小不同。理论上，由于 L 的存在，合囊凸轮理论廓线需要修改，而实际使用过程中是通过调整螺杆 6 进行调节来弥补因 L 的存在而产生的合囊推杆 1 的位移偏差，如图 9.1 所示。

目前，α 一般取值为 35°，L 值尽量小为宜，但要考虑到调整合囊凸轮安装角度时方便性，为此，α，L 的取值有待于进一步优化。

9.2.2　合囊凸轮静力学分析

为延长凸轮使用寿命、减少凸轮磨损,优化凸轮机构的运动特性及其结构,对双键槽的合囊凸轮进行静力学分析。利用 Pro/E 建立合囊凸轮模型并导入 ANSYS 中,采用智能网格划分,利用 ANSYS workbench 对凸轮进行有限元分析。给定材料为 40Cr,密度为 $7.87 \times 10^3 \text{kg/m}^3$,泊松比为 0.3,弹性模量 $2.11 \times 10^9 \text{N/m}^2$。得到合囊凸轮网格模型如图 9.5 所示。

图9.5　合囊凸轮网格模型

对图 9.5 的模型施加约束:键槽侧面和中心圆孔内表面施加位移约束,位移值为 0;施加载荷 8.5N/mm。得到合囊凸轮有限元云图如图 9.6 所示。

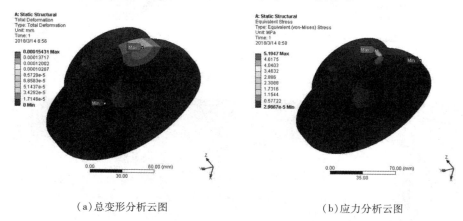

（a）总变形分析云图　　　　　　　　　　　（b）应力分析云图

图9.6　合囊凸轮有限元云图

由图 9.6(a)可知,最大变形与最大应力均发生在凸轮外廓 180°位置左右,最大变形量为 1.54×10^{-4}mm,最大应力为 5.1947MPa,变形最小位置发生在键槽顶端为 0,最小应力发生在凸轮外廓 225°位置左右,数值为 2.987×10^{-5} MPa。静力分析表明:合囊凸轮外廓 180°位置需要进行强化处理,双键槽结构对变形和应力影响小。

9.2.3 合囊凸轮模态分析

基于合囊凸轮的静力学分析对其进行模态分析。针对合囊凸轮模态性能分析时发现，凸轮的前六阶频率为 $0 \sim 0.005\text{Hz}$，因此，认定前六阶为刚体模态。提取凸轮的 $7 \sim 12$ 阶模态的固有频率值如表 9.3 所示。

表 9.3　　　　　　　　　合囊凸轮 7 ~ 12 阶固有频率

模态阶数	频率/Hz
7	5389.3
8	5613.2
9	7475.9
10	8705.6
11	9463.1
12	10440

与表 9.3 中凸轮固有频率相对应的 7 ~ 12 阶模态振型如图 9.7 所示。

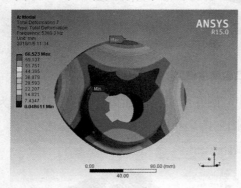

(a)7 阶振型

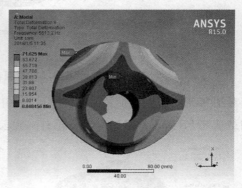

(b)8 阶振型

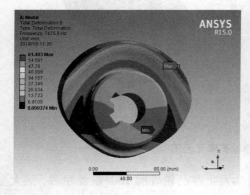

(c)9 阶振型

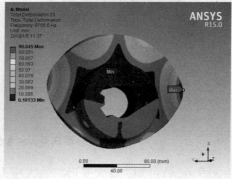

(d)10 阶振型

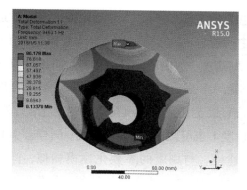 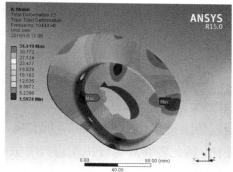

（e）11 阶振型 （f）12 阶振型

图 9.7 合囊凸轮振型

由图 9.7 可知，7~12 阶振型最大变形位置均发生在凸轮外廓位置。其中，10 阶振型变形量最大，数值为 90.045mm 发生在凸轮外廓 270°处；12 阶振型最大变形量最小，数值为 34.419mm 发生在凸轮外廓 90°处。各阶振型的最小变形量发生位置为凸轮外廓 60°和 -60°之间以及凸轮内孔周边位置。模态分析表明：双键槽结构合囊凸轮外廓需要进行强化处理，键槽位置变形小。

9.3 合囊凸轮机构动力学分析

（1）参数化模型构建

考虑到建模需要，将图 9.1 合囊凸轮机构传动进行简化处理如图 9.8 所示。

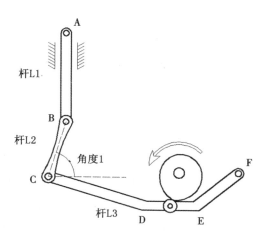

图 9.8 合囊凸轮连杆机构图

由图9.8可知，当电机通过滚子链带动主传动轴转动时，合囊凸轮随之转动，连杆L3在一定角度内摆动，连杆L3的摆动带动中间连杆L2运动，进而带动合囊顶杆L1做往复的上下运动。与剔废机构一样，要求L1的速度、加速度尽可能平滑，而且最值应尽可能小。由图中可以看出，连杆L3是由CD段、DE段、EF段组成的弯杆，运动可以抽象为点C绕点F做一定角度的转动，即C点位置的变化会引起机构运动的变化，另外，B点的位置的改变会引起杆L1和L2的变化，角度1也可以改变L2的长度，同样会引起机构的变化，因此需要对连杆机构进行参数化建模。与剔废的参数化建模相似，首先将Pro/E中合囊凸轮机构利用MECH/Pro中导入ADAMS中，改变零件颜色，合囊凸轮连杆Pro/E模型以及导入ADMAS后的模型如图9.9所示。

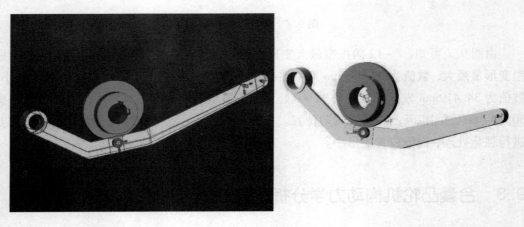

（a）   （b）

图9.9　合囊凸轮连杆机构模型

图9.9（a）为Pro/E中的合囊凸轮连杆机构模型，图9.9（b）为其导入ADMAS中的模型，由于要进行参数化建模，连杆可以依据参数化的点来建立，而弹簧在ADMAS中的建模也较为方便，只需指定弹簧的刚度系数和阻尼系数就可以建立，把凸轮和连杆引入进去，是为了获得来自主轴传递的动力。

参数化模型中有杆L1、L2的长度以及角度φ三个设计变量，在ADAMS中分别用DV_L1、DV_L2、DV_L3代替，分别根据模型最初的位置设定初始值，L1为220，L2为190，φ为70°，大致规定三个变量的可变范围分别为：$120 < L1 < 320$，$100 < L2 < 300$，$50° < \varphi < 90°$。然后创建A、B、C、D、E、F六个Point，进行点的参数化设置。铰链A点坐标设定为（330，500，0），铰链D点坐标为（-95，0，0），铰链E点坐标为（70，0，0），铰链F点坐标为（205，100，0）。依据相对的位置关系可以计算得到铰链B点坐标为（330，500-L1，0），铰链C点坐标为（-330-L2*$\cos\varphi$，500-L1-L2*$\sin\varphi$，0），右击这六点中的任意一点，弹出快捷菜单，选择Point：Point_A|Modify菜单项，弹出Table Editor for Points in. Press variable对话框，更改点的坐标，其参数化设置如图9.10所示。

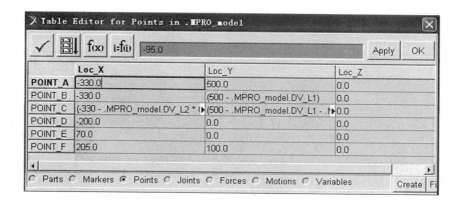

图 9.10　ADMAS 中合囊工位的点坐标的参数化

基于图 9.9 所创建构件模型，添加弹簧等，与剔废的建模类似，得到的 ADAMS 中的凸轮连杆机构模型如图 9.11 所示。

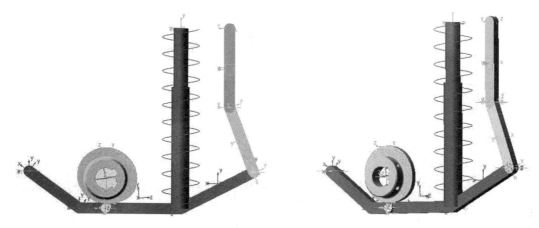

图 9.11　ADMAS 中的合囊凸轮连杆机构模型

需要说明的是，与剔废工位的设置不同，凸轮和滚子施加的 CONTACT 为 curve to curve，而且由于凸轮处于止推的最高点，所以弹簧无需施加预载力就可以让凸轮和滚子始终接触。其他设置于剔废的设置类似，这里不再赘述。

（2）合囊凸轮连杆机构的参数模型的仿真

设置 Simulation 的 End time 为 0.8 s，Steps 为 50，然后进行运动仿真。仿真得出合囊顶杆 L1 的质心处的速度、加速度随时间的变化规律分别如图 9.12、图 9.13 所示。

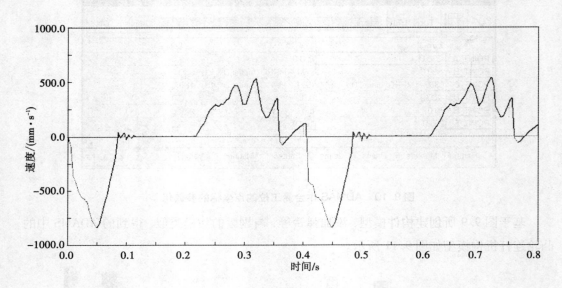

图 9.12 合囊顶杆 L1 质心处的速度变化

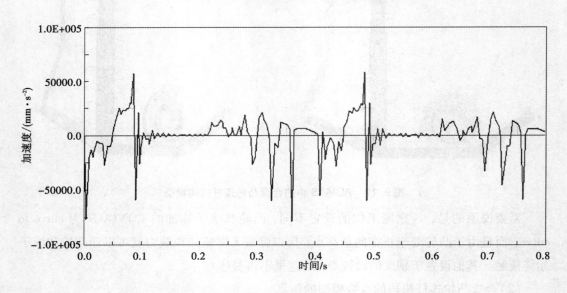

图 9.13 合囊顶杆 L1 质心处的加速度变化

9.4 合囊凸轮连杆机构参数优化

9.4.1 设计变量的影响度分析与评估

设计变量的影响度分析的方法与剔废机构的分析方法一样，在 ADMAS 中可以作为目标函数为 STDEV，分别将速度函数和加速度函数作为影响度分析的目标函数，分析设计变量对目标函数的影响度，首先得到随设计变量 L1，L2 以及 φ 变化时的速度曲线如图 9.14 至图 9.16 所示。

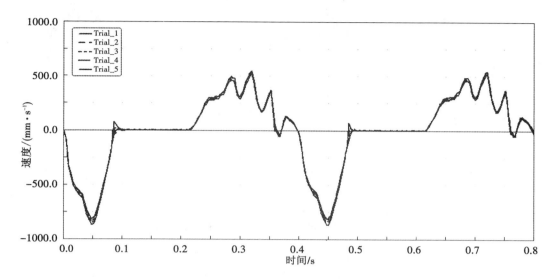

图 9.14　DV_L1 对杆 L1 速度评估时的曲线变化

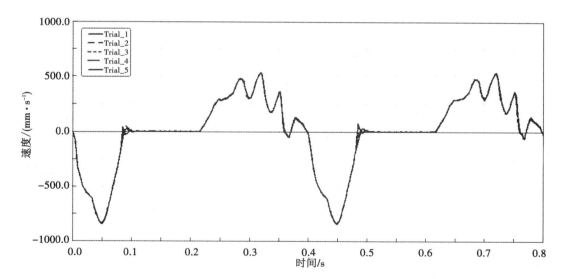

图 9.15　DV_L2 对杆 L1 速度评估时的曲线变化

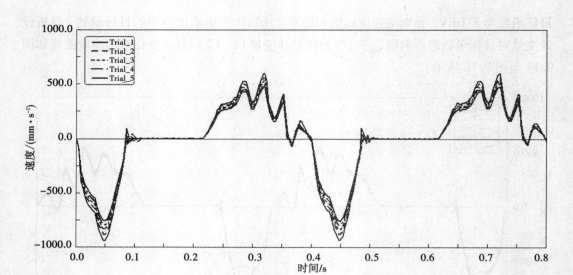

图 9.16   DV_AN 对杆 L1 速度评估时的曲线变化

经分析之后得到三个设计变量对杆 L1 的速度敏感度的分析结果，如 9.4 表所示。

表 9.4   各个变量对 L1 速度的最大敏感度

设计变量	初始值	测得的最大敏感度
DV_L1	220	− 0.36862
DV_L2	190	− 0.077535
DV_AN	70	− 3.4317

由表 9.4 评估的结果可以看出：设计变量对杆 L1 的速度影响不大，因此着重对加速度进行优化。首先用同样的方法进行设计变量对杆 L1 加速度的敏感度分析和评定，分析过程中对各个变量评估时加速度曲线的变化如图 9.17、图 9.18、图 9.19 所示。

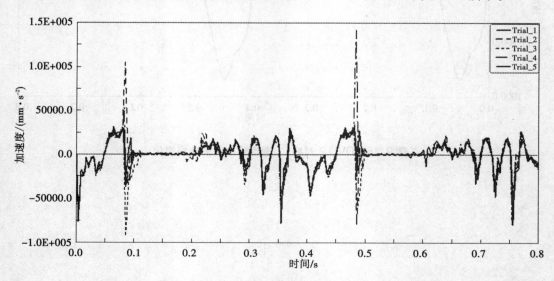

图 9.17   DV_L1 对杆 L1 加速度评估时的曲线变化

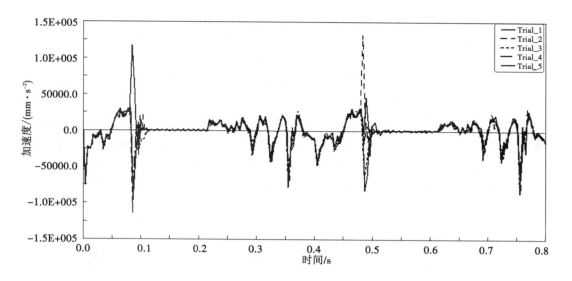

图 9.18　DV_L2 对杆 L1 加速度评估时的曲线变化

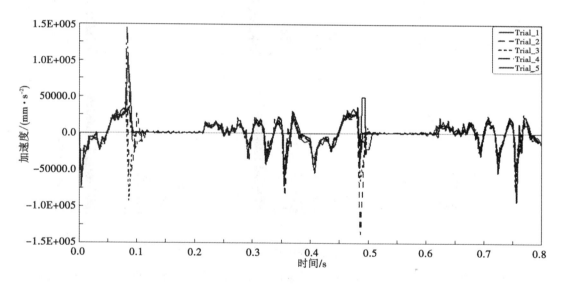

图 9.19　DV_AN 对杆 L1 加速度评估时的曲线变化

　　经分析之后同样得到三个设计变量对杆 L1 的加速度敏感度的分析结果如表 9.5 所示。

表 9.5		各个变量对 L1 加速度的最大敏感度
设计变量	初始值	测得的最大敏感度
DV_L1	220	−121.53
DV_L2	190	112.90
DV_AN	70	−174.86

　　由表 9.5 中敏感度的数值可知三个设计变量对加速度的影响都较大，下面以加速度

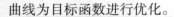

曲线为目标函数进行优化。

9.4.2 加速度曲线优化

依据设计变量的取值范围建立函数，进行变量范围修改后进行优化设置，选择 Simulate|Design Evaluation 菜单项，弹出 Design Evaluation Tools 对话框；在对话框的 STDEV of 后面中输入加速度曲线的名称，选中 Optimization，在 Design Variables 文本框中输入 DV_AN，DV_L2，DV_L1，点击优化设计变量底部的"Optimizer"按钮，设置优化算法为 OPT-DES-SQP，即二次规划法，点击 Start 按钮，ADAMS 对合囊凸轮连杆机构进行优化分析。在迭代过程可以看出，合囊凸轮连杆机构的变化如图 9.20 所示。

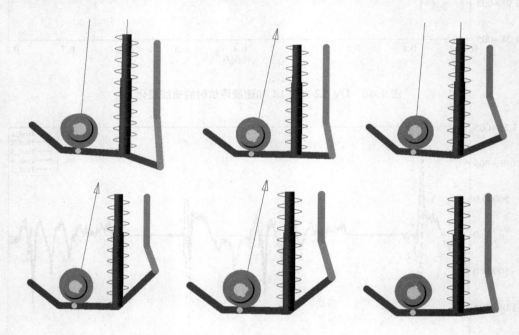

图 9.20 优化过程中的合囊连杆机构的变化

由图 9.20 可以看出，ADAMS 系统每迭代一次，合囊凸轮连杆机构都会发生连杆长度以及位置的变化，对应的就会有杆 L1 加速度的变化，迭代的次数有系统内部计算而定，当然与设置的步长、仿真的时间以及允许出错前迭代的最大步数有关，本次优化设置仿真时间 0.8s，步长为 50，迭代最大的步数为 100。仿真完成后得到的迭代数为 6 次，可以得到 6 次迭代时每一次速度曲线和加速度曲线，以及优化后目标函数的结果、设计变量的优化结果。图 9.21 为优化迭代 6 次后的加速度曲线。

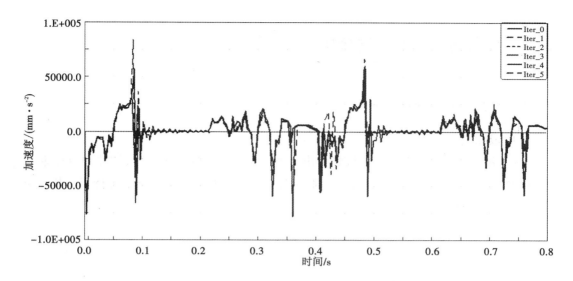

图 9.21　ADAMS 中合囊连杆机构 L1 加速度的变化

优化后的结果如表 9.6 所示。

表 9.6　　　　　　　　　各个变量对 L1 加速度的最大敏感度

名称	初始值	优化后数值	数值变化率/%
目标函数加速度/(mm·s⁻²)	18093.9	14139.4	−21.9
设计变量 DV_L1	220	312.046	+41.8
设计变量 DV_L2	190	173.588	−8.64
设计变量 DV_AN	70	76.8057	+9.72

由表 9.6 可以看出：通过对设计变量的优化，加速度样本偏差的最小值为14139.4mm/s²，比较初始的 18093.9 mm/s² 减小了 21.9%，优化效果明显。优化后的合囊凸轮连杆机构与优化之前的模型的对比如图 9.22 所示。

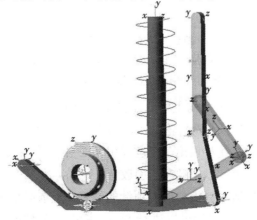

图 9.22　合囊连杆机构优化前(透明化的部分)与优化之后的连杆机构的对比

9.5 胶囊输出机构运动分析

9.5.1 胶囊输出机构结构及传动

（1）成品胶囊导出机构

成品排出机构是将套合好的胶囊排出。当模块运动到这一工位时，推杆上升，将套合好的胶囊推出，由成品胶囊导出口将胶囊导出。然后推杆下降停滞，等待下一模块到来。具体结构如图 9.23 所示。

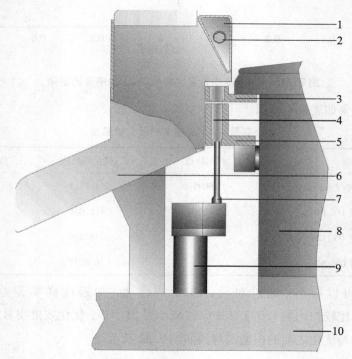

图 9.23　胶囊输出机构

1—导引板；2—螺钉；3—上模块；4—胶囊；5—下模块；6—出囊槽；

7—出囊顶针；8—转塔；9—出囊轴；10—工作台板

由图 9.23 看到，胶囊输出机构主要由导引板 1、上模块 3、下模块 5、出囊槽 6、出囊顶针 7 等组成。其工作过程：出囊凸轮机构传动出囊轴 9 做往复直线运动，带动出囊顶针 7 将上下模块中套合的胶囊 4 顶出，经过导引板 1 作用将胶囊导引到出囊槽 6 输出。螺钉 2 可以调整导引板的角度以便顺利导引胶囊。

胶囊输出装置调整包括导引板和出囊顶针的调整。胶囊导引板 1 可以改变角度和高低位置，只要松开一端的螺钉，就可以进行调整，根据实际情况，以能顺利导出胶囊为准，调定好后拧紧螺钉即可，导引板设有压缩空气通路，为保证胶囊导出可靠，可外接压缩空气辅助吹出胶囊。

（2）出囊机构传动

出囊机构的运动依靠出囊凸轮连杆机构，电机通过链条、链轮等带动出囊凸轮机构运动，使得出囊顶针往复直线运动，如图 9.24 所示。

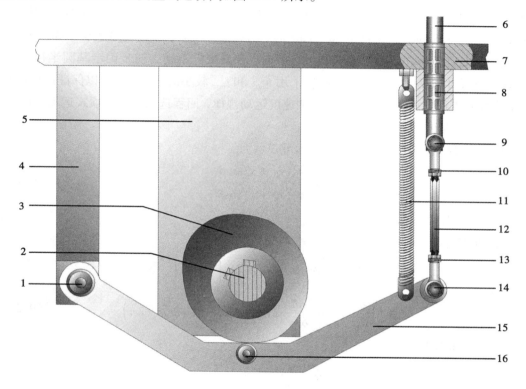

图 9.24　出囊传动机构

1—滚针轴承；2—主轴；3—出囊凸轮；4—支撑块；5—支撑板；6—出囊轴；7—工作台板；
8—直线轴承；9—关节轴承；10—锁紧螺母；11—弹簧；12—调整螺杆；13—锁紧螺母；
14—关节轴承；15—出囊连杆；16—滚轮轴承

由图 9.24 可知，出囊凸轮 3 的回转运动，通过传动机构传动出囊轴 6 的往复直线运动，带动出囊顶针将模块中的胶囊顶出。在生产过程中，若发现胶囊顶不出来或者出现跳囊现象，需要调整出囊顶针的高度。方法：将套合好的胶囊放到第九工位的模块孔中，然后用手扳动主电机手轮，使出囊顶杆 6 上升到最高点，这时松开调整螺杆 12 两端的锁紧螺母 10 和锁紧螺母 13，再转动调整螺杆 12，使出囊顶针顶着胶囊上升，当胶囊被顶出上模块孔时，紧固锁紧螺母即可。在转动主电机手轮时，如果出囊顶针没有升到最高点就将胶囊顶出时，应先调整一下调整螺杆，把出囊顶针降低些，再按以上步骤调整出囊顶针的高度。

在调整出囊顶针高度时需要注意：保证出囊顶针运行到最高位时推出胶囊，但同时要保证出囊顶针最低位置必须低于下模块的下平面。

9.5.2 出囊凸轮廓线设计

与合囊凸轮廓线设计方法相同，出囊凸轮廓线决定胶囊套合效果及机器的运动特性。举例说明出囊凸轮廓线的设计过程，由于出囊凸轮主要控制出囊顶针的升降运动，因此凸轮先后经历升程—远休止—回程—近休止的过程，约定：凸轮转角 $0°\sim80°$ 时，顶囊推杆下降 18.5mm；凸轮转角 $80°\sim250°$ 时，出囊推杆不动；凸轮转角 $250°\sim330°$ 时，合囊推杆上升 18.5mm；凸轮转角 $330°\sim360°$ 时，合囊推杆不动。初步确定基圆半径 $r_0 = 73\text{mm}$，滚子半径为 $r_r = 13\text{mm}$，同样采用 a_{max} 和 j_{max} 较小的运动规律，以保证连杆运动的平稳性和工作精度。推程选用正弦加速度运动规律，回程选用 5 次多项式运动规律。

（1）理论廓线

由图 9.24，凸轮的理论廓线的坐标可表示为

$$x = (r_0 + s)\sin\delta$$
$$y = (r_0 + s)\cos\delta \tag{9.19}$$

式中，位移 s 分段计算

① 推程阶段

$$\delta_{01} = 80° = \frac{4\pi}{9}, \quad \delta_1 = \left[0, \frac{4\pi}{9}\right]$$

$$s_1 = h\left(\frac{\delta_1}{\delta_{01}} - \sin\frac{2\pi\delta_1}{\delta_{01}}/2\pi\right) = h\left(\frac{3\delta_1}{\pi} - \sin6\delta_1/2\pi\right) \tag{9.20}$$

② 远休止阶段

$$\delta_{01} = 170° = \frac{17\pi}{18}$$

$$s_2 = 18.5\text{mm}, \quad \delta_2 = \left[0, \frac{17\pi}{18}\right]$$

③ 回程阶段

$$\delta_{03} = 80° = \frac{4\pi}{9}, \quad \delta_3 = \left[0, \frac{4\pi}{9}\right]$$

$$s_3 = 10h\delta_3^3/\delta_{03}^3 - 15h\delta_3^4/\delta_{03}^4 + 6h\delta_3^5/\delta_{03}^5$$
$$= 80h\delta_3^3/\pi^3 - 240h\delta_3^4/\pi^4 + 192h\delta_3^5/\pi^5 \tag{9.21}$$

④ 近休止阶段

$$\delta_{04} = 30° = \frac{\pi}{6}$$

$$s_4 = 0, \quad \delta_2 = \left[0, \frac{\pi}{6}\right]$$

与上述方法一样，取角度间隔为 $10°$，将以上各式相应值代入计算理论轮廓线上各点的坐标值。推程阶段取 $\delta = \delta_1$，远休止阶段 $\delta = \delta_{01} + \delta_2$，回程阶段取 $\delta = \delta_{01} + \delta_{02} +$

δ_3，近休止阶段 $\delta = \delta_{01} + \delta_{02} + \delta_{03} + \delta_4$。计算结果见表9.7。

表 9.7　　　　　　　　　　　　　　理论廓线计算个点坐标值

$\delta/(°)$	x	y
0	0.00	104.50
10	18.15	102.91
20	35.32	96.79
⋮	⋮	⋮
340	−34.54	94.91
350	−18.06	102.42
360	0.00	104.50

（2）工作廓线

$$x' = x - r_r \cos\theta \tag{9.22}$$

$$y' = y - r_r \sin\theta \tag{9.23}$$

其中，

$$\sin\theta = (\mathrm{d}x/\mathrm{d}\delta)/\sqrt{(\mathrm{d}x/\mathrm{d}\delta)^2 + (\mathrm{d}y/\mathrm{d}\delta)^2}$$

$$\cos\theta = -(\mathrm{d}y/\mathrm{d}\delta)/\sqrt{(\mathrm{d}x/\mathrm{d}\delta)^2 + (\mathrm{d}y/\mathrm{d}\delta)^2}$$

① 推程段

$$\delta_{01} = 80° = \frac{4\pi}{9}$$

$$\begin{aligned}
\mathrm{d}x/\mathrm{d}\delta &= (\mathrm{d}s/\mathrm{d}\delta)\sin\delta_1 + (r_0 + s)\cos\delta_1 \\
&= \left[\frac{2h}{\pi}(1 - \cos4\delta_1)\right]\sin\delta_1 + (r_0 + s)\cos\delta_1
\end{aligned} \tag{9.24}$$

$$\begin{aligned}
\mathrm{d}y/\mathrm{d}\delta &= (\mathrm{d}s/\mathrm{d}\delta)\cos\delta_1 + (r_0 + s)\sin\delta_1 \\
&= \left[\frac{2h}{\pi}(1 - \cos4\delta_1)\right]\cos\delta_1 - (r_0 + s)\sin\delta_1
\end{aligned} \tag{9.25}$$

② 远休止阶段

$$\delta_{02} = 170° = \frac{17\pi}{18}$$

$$\mathrm{d}x/\mathrm{d}\delta = (r_0 + s)\cos\left(\frac{17\pi}{18} + \delta_2\right) \tag{9.26}$$

$$\mathrm{d}y/\mathrm{d}\delta = -(r_0 + s)\sin\left(\frac{17\pi}{18} + \delta_2\right) \tag{9.27}$$

③ 回程阶段

$$\delta_{03} = 80° = \frac{4\pi}{9}$$

$$\begin{aligned}
\mathrm{d}x/\mathrm{d}\delta &= (\mathrm{d}s/\mathrm{d}\delta)\sin(\delta_3 + \pi) + (r_0 + s)\cos(\delta_3 + \pi) \\
&= (810h\delta_3^2/\pi^3 - 4860h\delta_3^3/\pi^4 + 7290h\delta_3^4/\pi^5)\sin(\delta_3 + \pi) + \\
&\quad (r_0 + s)\cos(\delta_3 + \pi)
\end{aligned}$$

$$\tag{9.28}$$

$$\begin{aligned}
\mathrm{d}y/\mathrm{d}\delta &= (810h\delta_3^2/\pi^3 - 4860h\delta_3^3/\pi^4 + 7290h\delta_3^4/\pi^5)\cos(\delta_3 + \pi) - \\
&\quad (r_0 + s)\sin(\delta_3 + \pi)
\end{aligned} \tag{9.29}$$

④ 近休止阶段 $\delta_{04} = 30° = \dfrac{\pi}{6}$

$$\mathrm{d}x/\mathrm{d}\delta = (r_0 + s)\cos\left(\frac{\pi}{3} + \delta_4\right) \tag{9.30}$$

$$\mathrm{d}y/\mathrm{d}\delta = -(r_0 + s)\sin\left(\frac{\pi}{3} + \delta_4\right) \tag{9.31}$$

计算结果见表9.8。

表 9.8　　　　　　　　　　　　　　工作廓线各点坐标值

$\delta/(°)$	x'	y'
0	0.00	91.50
10	15.89	90.11
20	31.29	85.98
⋮	⋮	⋮
340	−30.10	82.69
350	−15.80	89.62
360	0.00	91.50

根据表9.8中的数据，由 Pro/E 生成的出囊凸轮廓线的模型图和实体图如图9.25。

　　　　　　　　（a）　　　　　　　　　　　　　　　　　（b）

图9.25　出囊凸轮模型与实体

图9.25(a)为根据表9.8生成的模型，图9.25(b)为根据表9.8数据加工后的实物图。关于出囊凸轮动力学分析及参数优化方法与合囊凸轮相同，在此省略。

第10章 柱塞式胶囊充填机整机运动分析及维护

10.1 充填机构与转塔机构模型及运动时间匹配

10.1.1 充填机构与转塔机构模型建立

（1）充填机构与转塔机构模型

柱塞式胶囊充填机运动复杂。充填机构做间歇升降运动，剂量盘装置做间歇回转运动，转塔机构带动模块做间歇升降及回转运动，选囊机构做间歇升降及水平运动，这些运动的速度、加速度都有突变，并会产生较大的离心力造成甩粉现象。在剂量盘下方常常出现漏粉，尤其是流动性好的药粉，漏粉现象更加严重。可以说漏粉是柱塞式胶囊充填机固有充填特性而产生的问题。漏粉问题的存在造成药粉浪费，影响车间环境及生产效率。为此，围绕漏粉问题提出改进措施。

常用的方法是在剂量盘座体和转塔之间的机台面上安装接粉盒，定期清理接粉盒中的药粉；在剂量盘下方安装固定的带有孔眼（与下模块孔相对应，孔直径比模块孔直径大）接粉盒，当有药粉从充填工位的下模块孔中漏出时，被吸药粉装置吸入储药箱内，定期清理回收储药箱内的药粉。吸粉盒的位置如图10.1所示[25-28]。

图10.1 吸粉盒安装位置模型

1—计量盘；2—盛粉环；3—上模块；4—上吸粉盒；5—下吸粉盒；6—转塔

如图 10.1 所示，将原先剂量盘的座体（靠近转塔一侧）切除一部分安装吸粉盒，为避免与下模块产生干涉现象，将吸粉盒加工成凹状。盛粉环 2 将剂量盘 1 包围起来形成储药室，当有未分开的胶囊存在时，药粉将通过相应位置下模块孔漏到吸粉盒中。

基于前几章所建立的模型，构建柱塞式胶囊充填机充填机构和转塔机构的模型如图 10.2 所示。

（a）　　　　　　　　　　（b）

（c）　　　　　　　　　　（d）

图 10.2　充填机构与转塔机构模型
1—主轴；2—充填凸轮；3—导向轴；4—充填组件；5—下模块；6—转塔机构

图 10.2(a)、图 10.2(b)、图 10.2(c)、图 10.2(d)分别为充填机构与转塔机构模型正视图、俯视图、左视图、右视图。充填机构运动与转塔机构运动相互配合,完成充填、剔囊、锁囊、出囊等工作,整机运动协调有序,运动平稳、准确。柱塞式胶囊充填机剂量调节机构的操作简单,而且可以通过调节充填杆的充填高度以及剂量盘与铜环之间间隙调整装量,确保装量准确,符合药典要求,并满足标准化、系列化要求。只要更换相应模具,就能适应不同规格胶囊的生产;同时,还备有安装方便的颗粒(或缓释丸粒)充填模具,以适应更多的物料充填。药粉充填机构是由通过充填杆座往复运动带动充填杆将药粉经多级夯实在剂量盘(其厚度决定充填计量)的模孔内,并压成一定密度和相同重量的粉柱,再充入胶囊体内。充填机构极限位置如图 10.3 所示。

(a)　　　　　　　　　　　　　　　(b)

图 10.3　柱塞式胶囊充填机构升降极限位置

1—充填组件;2—剂量盘回转组件;3—转塔机构回转组件

图 10.3(a)为柱塞式胶囊充填机构上升的最高位置;图 10.3(b)为柱塞式胶囊充填机构下降的最低位置。最高位置与最低位置之差为充填机构动程,也即充填杆动程,该动程太大影响机器的生产率,太小容易造成相关机构干涉,该动程除了要考虑到药粉充填过程中充填杆高度调整的需要外,还要考虑到最厚剂量盘与最薄剂量盘之间侧差值。一般来说,该动程在满足使用要求条件下以小为宜。

(2)充填机构、转塔机构和选囊机构模型

基于充填机构与转塔机构的模型,构建选囊、分囊机构模型得到柱塞式胶囊充填机整机模型如图 10.4 所示。

图 10.4 中,电机通过链轮、链条传动主传动轴运动,带动主传动轴上相应的凸轮连杆机构完成选囊、分囊、充填、剔废、合囊、出囊等运动,各运动独立传动,相互配合。前面章节分别分析了胶囊的主传动机构、充填机构、选囊机构、分囊机构、剔废机构、合囊机构以及输出机构。而各个机构的运行精准配合很重要。

10.1.2　柱塞式胶囊充填机运动时间分配

主传动轴每回转一周,充填杆就完成一次充填,而相应的转塔机构和剂量盘机构要分别转过一个工位。以转塔机构为十个工位为例,主传动轴每转一周,转塔每转动一个

图 10.4　柱塞式胶囊充填机的整机模型

工位对应的转角为 36°；所有柱塞式胶囊充填机的剂量盘均为六个工位，主传动轴每转一周，剂量盘每转动一个工位，即对应转角为 60°。因此当主传动轴转动 N 周时，转塔机构转动的角度为 $N \times 36°$，剂量盘转动的角度为 $N \times 36°$，假设 N 为 10，则主传动轴转动为 10 周，转塔机构对应转动的周数为

$$\frac{N \times 36}{360} = \frac{10 \times 36}{360} = 1$$

剂量盘对应的转动的周数为

$$\frac{N \times 60}{360} = \frac{10 \times 60}{360} = \frac{5}{3}$$

因此主传动轴、转塔机构以及剂量盘转动角度比为

$$10:1:\frac{5}{3} = 30:3:5$$

　　转塔机构和剂量盘的间歇回转是由间歇机构驱动。转塔机构是由十工位间歇机构传动，剂量盘间歇回转是由六工位间歇机构传动。间歇转动和静止的时间都需与主传动轴进行匹配。通过对柱塞式胶囊充填机运动分析发现：充填杆刚开始上升时，转塔机构和剂量盘处于静止状态，充填杆在导杆的作用下逐渐上升；当充填杆升至为脱离剂量盘的模孔时，转塔机构和剂量盘开始同时转动，而充填杆继续上升，当充填杆升至最高点时，转塔机构和剂量盘开始停止转动；然后充填杆开始下降至最低位置完成一次药粉的充填过程。剂量盘间歇静止时，充填机构开始充填运动，其运动时间与剂量盘间歇静止时间相重合，也就是说，在剂量盘间歇静止时间内，充填杆往复运动一次，要求充填杆往复运动一次的时间小于剂量盘静止的时间。假定剂量盘厚度为 20mm，以剂量盘下平面为 X 轴，充填杆往复运动方向为 Y 建立坐标系，得到充填杆运动与剂量盘运动关系如图 10.5 所示。

　　图 10.5 表示的是充填杆在竖直方向相对剂量盘的位移的变化规律。为保证剂量盘

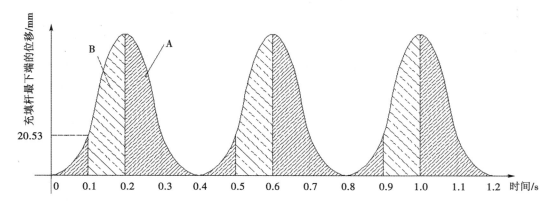

图 10.5　充填杆运动与剂量盘运动与静止时间分布

与充填杆运动互不干涉,将充填杆最下端在剂量盘上表面位置时位移设置为 0,当充填杆的竖直位移小于 20mm 时,转塔机构和剂量盘禁止转动,此时充填杆顶端一部分深入到剂量盘孔内;当充填杆的位移数值大于 20mm 时,说明充填杆与剂量盘的模孔已经脱离,转塔机构和剂量盘可以转动。总而言之,充填杆位移大于 20 mm 为转塔机构和剂量盘的可运动的时间段,位移小于 20mm 为回转机构和剂量盘禁止转动的时间段。

10.2　柱塞式胶囊充填机构与转塔机构运动分析

10.2.1　转塔机构及剂量盘运动分析

根据图 10.5 所示,主传动轴运动一周时间设为 0.4s,利用 STEP 函数编写出在 4s 内转塔机构与充填机构运动函数。回转机构的运动函数为

STEP(time, 0, 0d, 0.1, 0d) + STEP(time, 0.1, 0d, 0.2, 36d) + STEP(time, 0.2, 0d, 0.5, 0d) + STEP(time, 0.5, 0d, 0.6, 36d) + STEP(time, 0.6, 0d, 0.9, 0d) + STEP(time, 0.9, 0d, 1, 36d) + STEP(time, 1, 0d, 1.3, 0d) + STEP(time, 1.3, 0d, 1.4, 36d) + STEP(time, 1.4, 0d, 1.7, 0d) + STEP(time, 1.7, 0d, 1.8, 36d) + STEP(time, 1.8, 0d, 2.1, 0d) + STEP(time, 2.1, 0d, 2.2, 36d) + STEP(time, 2.2, 0d, 2.5, 0d) + STEP(time, 2.5, 0d, 2.6, 36d) + STEP(time, 2.6, 0d, 2.9, 0d) + STEP(time, 2.9, 0d, 3.0, 36d) + STEP(time, 3.0, 0d, 3.3, 0d) + STEP(time, 3.3, 0d, 3.4, 36d) + STEP(time, 3.4, 0d, 3.7, 0d) + STEP(time, 3.7, 0d, 3.8, 36d) + STEP(time, 3.8, 0d, 4.0, 0d)

对应剂量盘的运动函数如下:

STEP(time, 0, 0d, 0.1, 0d) + STEP(time, 0.1, 0d, 0.2, 60d) + STEP(time, 0.2, 0d, 0.5, 0d) + STEP(time, 0.5, 0d, 0.6, 60d) + STEP(time, 0.6, 0d, 0.9, 0d) + STEP (time, 0.9, 0d, 1.0, 60d) + STEP(time, 1.0, 0d, 1.3, 0d) + STEP(time, 1.3, 0d, 1.4, 60d) + STEP(time, 1.4, 0d, 1.7, 0d) + STEP(time, 1.7, 0d, 1.8, 60d) + STEP(time, 1.8, 0d, 2.1, 0d) + STEP(time, 2.1, 0d, 2.2, 60d) + STEP(time, 2.2, 0d, 2.5, 0d) + STEP(time, 2.5, 0d, 2.6, 60d) + STEP(time, 2.6, 0d, 2.9, 0d) + STEP(time, 2.9, 0d, 3.0, 60d) + STEP(time, 3.0, 0d, 3.3, 0d) + STEP(time, 3.3, 0d, 3.4, 60d) + STEP(time, 3.4, 0d, 3.7, 0d) + STEP(time, 3.7, 0d, 3.8, 60d) + STEP(time, 3.8, 0d, 4.0, 0d)

通过对运动函数仿真来体现机构之间运动时的位置关系。设置完约束并修改施加的驱动 MOTION，将回转机构和剂量盘的驱动分别修改为以上编写的 STEP 函数，设置仿真时间为 4s、仿真步数为 100。然后运行开始仿真，通过仿真运动可看到不同时间回转机构与剂量盘的位置变化，如图 10.6 所示。

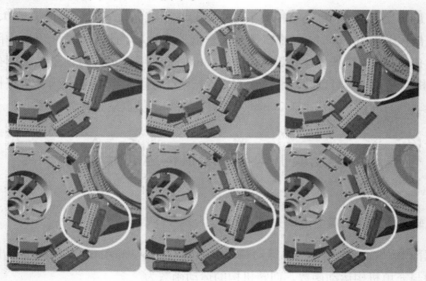

图 10.6　转塔机构与剂量盘仿真过程中相对位置的变化

图 10.6 中为仿真过程中时间分别为 0，0.1，0.125，0.150，0.175，0.20 s 时回转机构与剂量盘的位置关系，框中为位置变化明显的地方。通过对仿真过程的观察，回转机构与剂量盘的协同较好，静止时可以实现药粉的压实与填充，运动的时候能够使得工位的精准转换，因此转塔机构与剂量盘之间运动的协同可以满足胶囊顺利充填药粉的要求。通过仿真可以测量出导杆的位移、回转机构与剂量盘转角随时间的相对变化，得到的结果如图 10.7 所示。

图 10.7 中虚线代表充填杆做上下往复运动时位移随时间的变化，虚线 2 代表充填杆角度随时间的变化，实线 3 为转塔机构角度随时间的变化，由图 10.7 可以看出，转塔机构与剂量盘运转时充填杆已经升至剂量盘的上方；转塔和剂量盘间歇静止时，充填杆开始从最高点下降进行充填。充填杆再次继续上升直至脱离剂量盘完成一个充填的过程，在间歇运动过程中不会发生机构干涉碰撞，同时还能保证药粉充填的精确度。

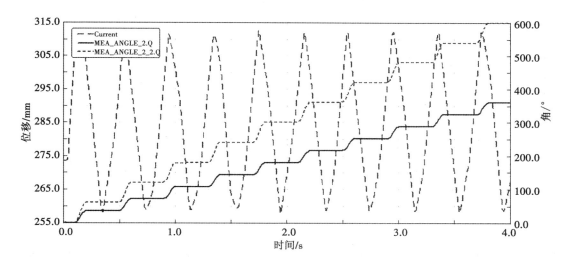

图 10.7　充填杆位移、转塔机构和剂量盘转角变化曲线

10.2.2　转塔机构及剂量盘运动优化

虽然上述讨论得到的运动匹配能够精确地完成药粉的压实与充填，但是转塔机构与剂量盘的运动时间对应为充填杆从脱离剂量盘到升至最高点的这段时间，使得转塔机构和剂量盘在较短时间内完成了转动，而充填杆从最高点到开始进入剂量盘时的这段时间称为转塔机构和剂量盘的"等待时间"。剂量盘的转动速度对药粉的充填有一定的影响，因为充填到剂量盘孔中的药粉随剂量盘的转动会受到离心力的作用，而且剂量盘的转速越高，药粉所受到的离心力就越大，因此不利于药粉压实，影响药粉填充的精度，而且可能导致药粉从剂量盘的模孔中甩出。为此需要对充填杆运动、剂量盘运动以及转塔运动之间的时间匹配进行优化，使其在不影响生产效率的前提下，使得药物充填过程尽量平稳。

从图 10.5 中可以发现，在主传动轴转动一周 0.4s 的时间内，回转机构与剂量盘运动的时间仅为 0.1s，也即从充填杆脱离剂量到升至最高点的这段时间，只要充填杆位于剂量盘以上的时间段内，回转机构和剂量盘都可以作为转动的时间，只要在充填杆下落至剂量盘的上表面之前停止，就符合匹配的要求，所以为了使得药粉在压实与充填的过程中尽量平稳，在匹配允许的范围内，尽量降低剂量盘转动时的速度以及加速度，也即从充填杆开始脱离剂量盘的模孔上升到下降至剂量盘的上表面这段时间内，均可以使得剂量盘转动，其运动与停止的时间段的具体分布如图 10.8 所示。

由图 10.8 可以看出，在不影响充填杆与剂量盘回转运动匹配的前提下，充填杆运动与剂量盘的运动时间段变为了 A 部分，转动的时间明显的增加，使得剂量盘的转动速度降低，利于药粉的平稳充填。由优化后的运动与静止的分布图形得到充填杆运动的 STEP 函数变为：

STEP(time, 0, 0d, 0.1, 0d) + STEP(time, 0.1, 0d, 0.3, 36d) + STEP(time, 0.3,

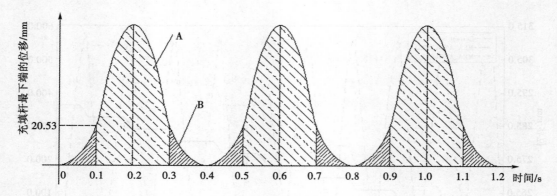

图 10.8　优化后充填杆以及剂量盘运动与静止时间的分布

0d, 0.5, 0d) + STEP(time, 0.5, 0d, 0.7, 36d) + STEP(time, 0.7, 0d, 0.9, 0d) + STEP(time, 0.9, 0d, 1.1, 36d) + STEP(time, 1.1, 0d, 1.3, 0d) + STEP(time, 1.3, 0d, 1.5, 36d) + STEP(time, 1.5, 0d, 1.7, 0d) + STEP(time, 1.7, 0d, 1.9, 36d) + STEP(time, 1.9, 0d, 2.1, 0d) + STEP(time, 2.1, 0d, 2.3, 36d) + STEP(time, 2.3, 0d, 2.5, 0d) + STEP(time, 2.5, 0d, 2.7, 36d) + STEP(time, 2.7, 0d, 2.9, 0d) + STEP(time, 2.9, 0d, 3.1, 36d) + STEP(time, 3.1, 0d, 3.3, 0d) + STEP(time, 3.3, 0d, 3.5, 36d) + STEP(time, 3.5, 0d, 3.7, 0d) + STEP(time, 3.7, 0d, 3.9, 36d) + STEP(time, 3.9, 0d, 4.0, 0d)

量盘运动的 STEP 函数为如下：

STEP(time, 0, 0d, 0.1, 0d) + STEP(time, 0.1, 0d, 0.3, 60d) + STEP(time, 0.3, 0d, 0.5, 0d) + STEP(time, 0.5, 0d, 0.7, 60d) + STEP(time, 0.7, 0d, 0.9, 0d) + STEP(time, 0.9, 0d, 1.1, 60d) + STEP(time, 1.1, 0d, 1.3, 0d) + STEP(time, 1.3, 0d, 1.5, 60d) + STEP(time, 1.5, 0d, 1.7, 0d) + STEP(time, 1.7, 0d, 1.9, 60d) + STEP(time, 1.9, 0d, 2.1, 0d) + STEP(time, 2.1, 0d, 2.3, 60d) + STEP(time, 2.3, 0d, 2.5, 0d) + STEP(time, 2.5, 0d, 2.7, 60d) + STEP(time, 2.7, 0d, 2.9, 0d) + STEP(time, 2.9, 0d, 3.1, 60d) + STEP(time, 3.1, 0d, 3.3, 0d) + STEP(time, 3.3, 0d, 3.5, 60d) + STEP(time, 3.5, 0d, 3.7, 0d) + STEP(time, 3.7, 0d, 3.9, 60d) + STEP(time, 3.9, 0d, 4.0, 0d)。将优化后运动函数分别输入到对应的 MOTION 中重新进行仿真，仿真过程中转塔机构与充填机构的相对位置变化如图 10.9 所示。

图 10.9 中为仿真时间分别为 0, 0.1, 0.15, 0.2, 0.25, 0.3s 时转塔机构与充填机构的位置变化关系，线框 1 部分为变化明显的区域。从图中可以看出运动函数优化后转塔机构和剂量盘的转动时间变为了 0.2s，最大化地利用了运动协同的时间间隔，从而降低了剂量盘的转动速度。运动函数优化后的充填杆位移、转塔机构与剂量盘的角度随时间的相对变化如图 10.10 所示。

由图 10.10 可以看出转塔机构与剂量盘运转时间增长，角速度的变化比之前有明显的降低。

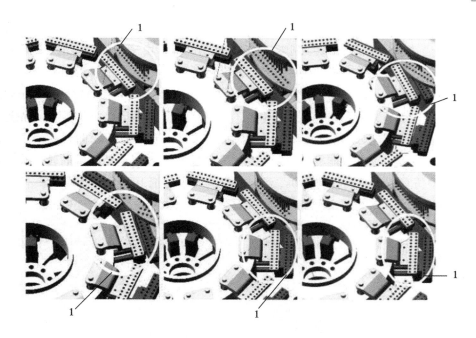

图 10.9　优化后转塔机构与剂量盘仿真过程中相对位置的变化

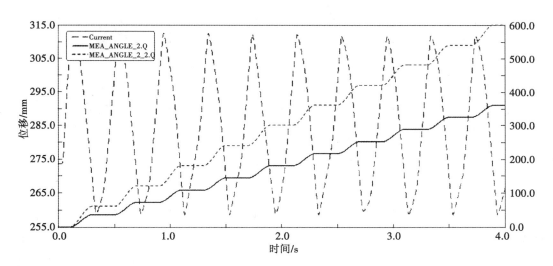

图 10.10　优化后充填杆位移、回转机构和剂量盘转动随时间的变化

10.3　柱塞式胶囊充填机整机模型及运动分析

10.3.1　柱塞式胶囊充填机整机仿真模型建立

柱塞式胶囊充填机构是由六工位间歇回转机构、十工位(或十二工位)转塔间歇回转

机构、选囊机构、分囊机构、充填机构、剔废机构、合囊机构、出囊机构等组成，各机构相互配合完成选囊、分囊、充填、剔废、合囊、输出功能。由于这些运动主要是依靠凸轮连杆机构完成，不可避免造成冲击和振动，间歇运动形式使得各机构运动时产生惯性力，因此，有必要对整机进行动力学分析。电机转动带动主传动轴上各凸轮转动，凸轮通过连杆的滚子带动导杆做相应的直线运动(前述章节已分析)。利用 Pro/E 建立凸轮连杆机构连接时需要分别选取凸轮曲面和滚子外圆面，尽量不要选取凸轮曲线或滚子外圆曲线，否则仿真过程中很有可能发生跳跃现象，导致仿真失败。定义电机的转速为常数值 900°/s，模型仿真运动开始时间为 0s，结束时间为 4s，如图 10.11 所示。

图 10.11 整机运动位置变化情况

基于图 10.11 所建立的整机 Pro/E 模型，通过 MECH/Pro 将各零部件设置为刚体，然后导入 ADAMS 中，对导入到 ADAMS 的模型进行约束和驱动的设置。为了减少在 ADAMS 中施加的约束，在 MECH/Pro 设置刚体时，将一起运动的零部件设置为一个刚体。大板与大地设置为 Fixed Joint；两个连杆与大板设置为转动副 Revolute Joint；凸轮施加碰撞约束 Contact，与连杆通过转动副 Revolute Joint 相连接；滚子与立柱施加碰撞约束 Contact；立柱导轨与大地施加上下的移动副 Translational Joint。如充填机构中，Revolute Joint 为 8 个，Translational Joint 为 1 个，Fixed Joint 为 3 个，Contact 为 4 个，凸轮设置关键约束如图 10.12 所示。

如图 10.12 所示约束设置后施加驱动。需要施加驱动的有主传动轴和剂量盘，主传动轴的转速设定为 151.58r/min，转化为 ADAMS 中默认的单位为 909.48°/s，在仿真的过程中为了计算的方便，设定主传动轴的转速为 900°/s。

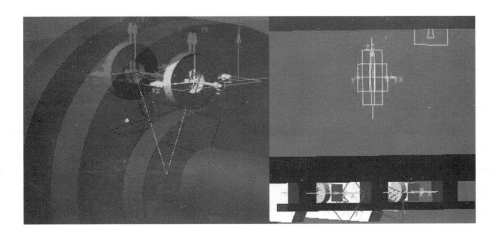

图 10.12　ADAMS 中凸轮机构模型设置的约束

10.3.2　柱塞式胶囊充填机整机仿真分析

对导入 ADAMS 中的模型进行分析,得到转塔机构中上模块的位移、速度、加速度运动曲线如图 10.13 至图 10.15 所示。

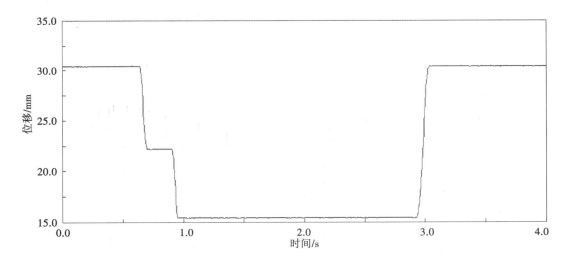

图 10.13　上模块位移变化曲线

图 10.13 中最上边的平行线代表上模块处在盘凸轮的外缘导轨的较高的一侧,最下边的平行线表示上模块处在盘凸轮的外缘导轨的较低的一侧,过渡段处于下降或上升的过程。

图 10.14 为上模块的速度曲线,除了在上升或下降的过程中会发生速度的跳跃或突变外,其他段内始终处于较低的变化范围。

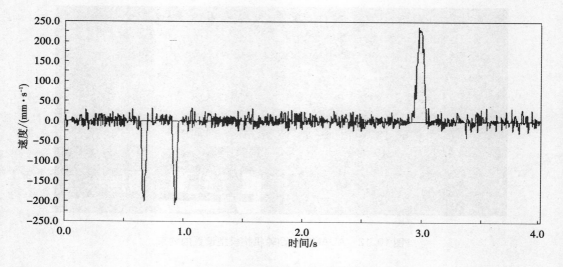

图 10.14　上模块速度变化曲线

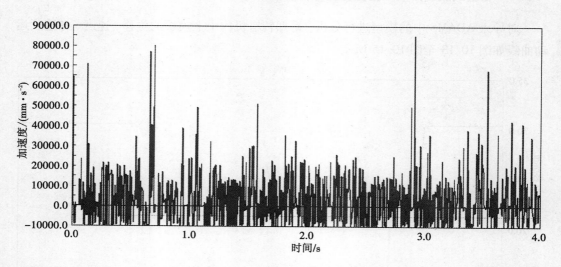

图 10.15　上模块加速度变化曲线

图 10.15 可知,由于上模块的滚子与盘凸轮施加的位移体碰撞,而且回转机构为十工位的间歇机构,因此碰撞过程中势必会引起加速度的时刻变化,这也是实际与理论的差距所在。

同样,仿真得到转塔机构中下模块的位移、速度、加速度运动曲线如图 10.16 至图 10.18 所示。

图 10.16 为下模块相对盘凸轮在做转动的同时在径向移动变化情况,位移曲线有突变会造成速度、加速度的突变。

图 10.17 为下模块相对盘凸轮在做转动的同时在径向速度变化情况,速度曲线有波动现象。

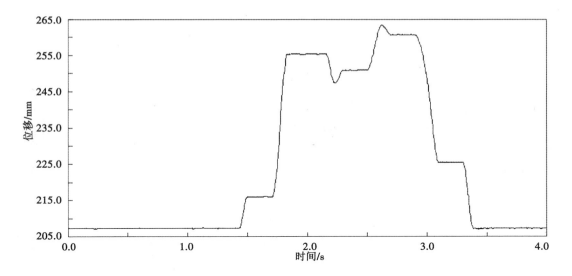

图 10.16　下模块径向位移变化变化

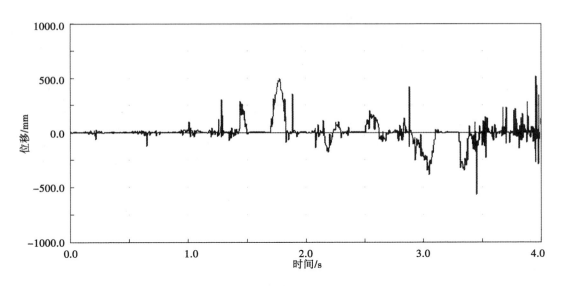

图 10.17　下模块径向速度变化曲线

图 10.18 为下模块相对盘凸轮在做转动的同时在径向加速度变化情况，加速度曲线有突变现象。

由图 10.13 至图 10.18 中可以看出，上、下模块的位移变化与盘凸轮的导轨曲线轮廓变化规律基本一致，而速度与加速度则表现出不规则的曲线变化，一方面与施加的碰撞约束的设置有关，不同材料碰撞的刚度系数、阻尼系数、定义全阻尼时的穿透值、瞬间法向力中材料刚度项贡献值的指数会造成不同的运算结果；另一方面是由转塔机构的运动方式所致，回转间歇转动势必会造成静止、启动瞬间的速度以及加速度的跳跃。

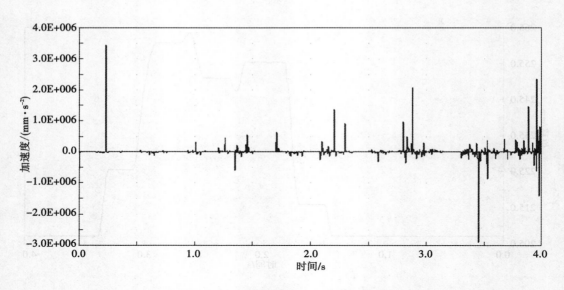

图 10.18　下模块径向加速度变化曲线

仿真得出剂量盘以及充填杆的运动特性如图 10.19 至图 10.21 所示。

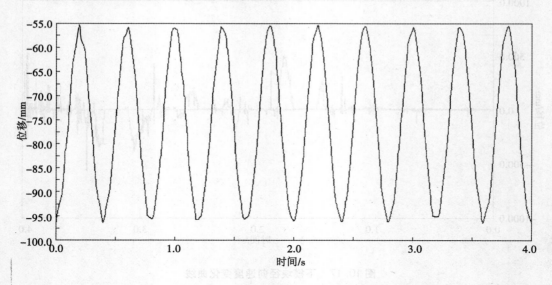

图 10.19　充填杆竖直方向上位移变化曲线

图 10.19 至图 10.21 中竖直方向上的位移、速度、加速度随时间的变化曲线，因为充填杆随立柱导杆一起做上下运动，所以导杆的速度、加速度与充填杆的完全一样，位移的变化相同，只是初始位置不同而已，导杆位移的变化取决于凸轮的偏心距，在实际中一般通过改动充填杆的初始位置来满足胶囊充填的要求。图 10.22 为剂量盘仿真时转动角度的变化曲线。

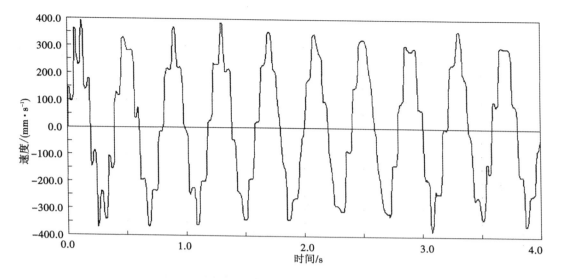

图 10.20　充填杆竖直方向上速度变化曲线

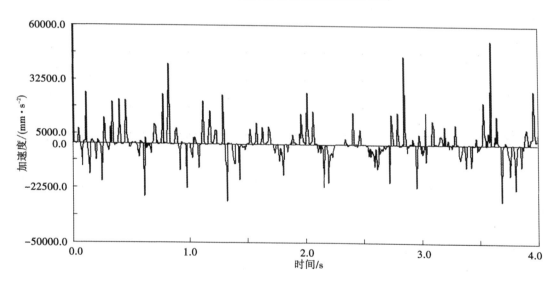

图 10.21　充填杆竖直方向上加速度变化曲线

　　图 10.22 中角度的单位为 rad，4s 转过 $10\pi/3$ 弧度，约为 10.47，与测量的结果刚好吻合。

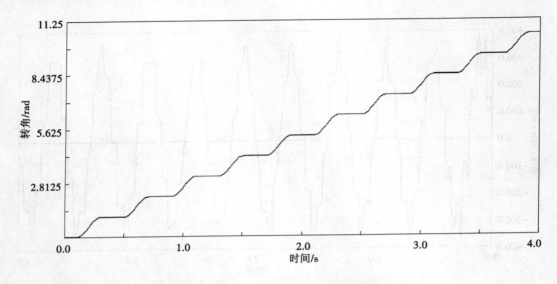

图 10.22　剂量盘做间歇运动角度的变化曲线

10.3.3　柱塞式胶囊充填机整机维护和清理

① 柱塞式胶囊充填机正常工作时间较长时，要定期对与药粉直接接触的零部件进行清理。当要更换不同药粉或停机时间较长时，都要进行清理。如药粉斗、剂量盘、盛粉环、刮粉器、模块、推杆等，台面以上的零部件不允许用汽油、煤油、乙醚、丙酮等溶剂清洗，可用细布或脱脂棉蘸酒精擦拭。

② 柱塞式胶囊充填机台面下部的传动部件要经常擦净油污，使观察运转情况更清楚。

③ 真空系统的过滤器要定期打开清理堵塞的污物。当发现真空度不够，胶囊打不开时，也要清理过滤器。

④ 机器的润滑。

• 凸轮的滚轮工作表面每周要涂一层润滑脂。

• 机器台面下各连杆的关节轴承每周要滴油润滑。

• 各种轴承要定期或根据运转情况加以清洗，加入润滑油，密封轴承可滴油润滑。

• 传动链条要每周检查一次松紧度，并涂润滑油或润滑脂。

• 十工位间歇机构和六工位间歇机构每月要检查一次油量，不足时要及时加油，每半年要更换一次润滑油。

• 转塔下和剂量盘下的工位间歇机构，必须在专业技术人员的指导下进行拆卸和维护。

10.3.4　柱塞式胶囊充填机性能检查方法

（1）胶囊套合完好率

① 试验条件设定。

环境温度控制在 22°~24°；相对湿度控制在 40%~50%；水、电配给要符合柱塞式胶囊充填机说明书要求；不做粉末颗粒分装；每次测试 3~5min，共测试 3 次。

② 要求满足胶囊套合完好率大于 98%。

（2）颗粒度为 40~80 目时粉末充填量差异

① 试验条件设定。

环境温度控制在 22°~24°；相对湿度控制在 40%~50%；水、电配给要符合柱塞式胶囊充填机说明书要求；粉末具有一定的可塑性；使用同批号药粉测试；每次测试 15min，共测试 5 次。

② 要求装量差异符合《中华人民共和国药典》要求；充填差异稳定大于 300 分钟。

③ 需要注意：由于充填物的吸潮、干燥、黏度等特性以及剂量盘与充填物比容配比关系，因此一些充填物的充填精度要保障需在充填物混合工艺与剂量盘上予以调整。

（3）颗粒度为 1~15 目时粉末充填量差异

① 试验条件设定。

环境温度控制在 22°~24°；相对湿度控制在 40%~50%；水、电配给要符合柱塞式胶囊充填机说明书要求；粉末具有一定的可塑性；使用同批号药粉测试；大于 60 目粒不得占大于 40%；每次测试 15min，共测试 5 次。

② 要求装量差异符合《中华人民共和国药典》要求；充填差异稳定大于 360min。

③ 需要注意：由于充填物的吸潮、粘度、粒度不均匀等特性，因此一些充填物的充填精度保障需在充填物混合工艺上予以调整。

参考文献

[1] 张玲峻. NJP 系列全自动胶囊充填机的结构与性能[J]. 中小企业科技. 2007(7): 38.

[2] 唐宏正,姚智. 国产与进口胶囊充填机比较[J]. 机电信息. 2006,137(29):57-58.

[3] 孙绍桐,赵康浩. 全自动胶囊充填机充填质量的影响因素分析[J]. 中国药业,2003, 12(9):9-10.

[4] 赵寒涛,曹小燕,祝正伟,等. 胶囊充填机药粉全自动上料装置的研制[J]. 机械工程师,2005(4):98-99.

[5] 王林宽,钱存生,陈筠,等. 胶囊自动充填机的研制[J]. 医疗卫生装备,2003,24(5): 24-25.

[6] WANG G H, YU T B, WANG W S. Dynamics simulation of automatic capsule filling machine with ADAMS[J]. Advanced materials research,2012,403:4495-4506.

[7] WANG G H, XIAO F, WANG W S. Research on capsule filling machine based on virtual prototype[J]. Advanced materials research,2012,411:64-67.

[8] 郭卫东. 虚拟样机技术与 ADAMS 应用实例教程[M]. 北京:北京航空航天大学出版社,2008.

[9] 葛正浩. ADAMS 2007 虚拟样机技术[M]. 北京:化学工业出版社,2010.

[10] 赵丽娟,李世旭,刘杰. 基于 Pro/E 与 ADAMS 协同仿真中的图形数据交换[J]. 机械与电子,2006(12):78-80.

[11] 王贵和,刘瀛,肖宏泽,等. 基于 ANSYS 的药粉充填机构模态分析[J]. 机械制造, 2016,54(11):14-17.

[12] 王贵和. 一种充填凸轮:中国,CN201020581072.7[P]. 2012-02-08.

[13] 吴卓,徐伟,刘广利. 基于 MATLAB 的平面凸轮机构通用凸轮曲线设计[J]. 科学技术与工程,2010(4):997-1000.

[14] 徐勤超,王树宗. 水下航行器凸轮发动机凸轮机构的接触应力分析[J]. 舰船科学技术,2012(3):40-44.

[15] 王贵和,肖枫,张明. 剂量盘侧孔分度胎具:中国,CN201220233497.8[P]. 2013-01-16.

[16] 王贵和,张明,肖枫. 充填杆胎具:中国,CN201220233493.X[P]. 2013-01-16.

［17］ 王贵和,刘瀛,许允振.拔销器.中国,CN201620258642.6［P］.2016-08-31.

［18］ 王贵和,刘瀛,肖宏泽.药粉装量微调把手.中国,201620258640.7［P］.2016-08-31.

［19］ 刘瀛,王贵和,宁海.可调式胶囊计数器支座.中国,CN201620263201.5［P］.2016-08-31.

［20］ 王贵和,张宝刚.基于 MATLAB 的胶囊充填机盘凸轮曲线优化［J］.辽东学院学报(自然科学版),2012(3):174-177.

［21］ 王贵和,景宏伟,肖宏泽.模块胎具.中国,CN201220233492.5［P］.2013-1-16.

［22］ 王贵和,肖枫,张明,梅劲松.一种双键槽结构的合囊凸轮机构力学特性［J］.辽东学院学报(自然科学版),2019(1):48-53,69.

［23］ 陈立平,张云清,任卫群,等.机械系统动力学分析及 ADAMS 应用教程［M］.北京:清华大学出版社,2005.

［24］ 郑相周,唐国元.机械系统虚拟样机技术［M］.北京:高等教育出版社,2010:4-26.

［25］ 王贵和.吸粉盒.中国,CN201120153546.2［P］.2012-01-18.

［26］ 罗卫平,王珺.基于 ADAMS/view 凸轮机构的设计及仿真［J］.机械工程师,2012(1):28-29.

［27］ 王贵和.基于虚拟样机技术的全自动胶囊充填机的动力学分析［J］.辽东学院学报(自然科学版),2012(1):18-21.

［28］ 王贵和.基于 ADAMS 的全自动胶囊充填机动力学仿真研究［J］.机械设计与制造,2012(6):165-167.